Malle | Woschitz | Koth | Salzger

Mathematik verstehen 8

Univ.-Prof. Mag. Dr. Günther Malle
Prof. Mag. Dr. Maria Koth
Prof. Mag. Dr. Helge Woschitz
Prof. Mag. Sonja Malle
Prof. Mag. Dr. Bernhard Salzger
MMag. Dr. Andreas Ulovec

Unter Mitarbeit von:
Assoz. Prof. MMag. DDr. Esther Ramharter
Univ.-Ass. Mag. Susanne Kandl
Prof. Mag. Franz Cecil

Lösungen

www.oebv.at

Hinweise zum Gebrauch des Lösungshefts:

- Das Lösungsheft ist zur Kontrolle und nicht zum Abschreiben gedacht. Arbeite deshalb ehrlich, löse jede Aufgabe selbständig und kontrolliere erst dann die Ergebnisse!
- Die Figuren im Lösungsheft sind zum Teil verkleinert dargestellt. Es können daher im Allgemeinen keine Längen aus den Figuren entnommen werden.
- Die mit gekennzeichneten Aufgaben sind vollständig durchgerechnet bzw. wird bei diesen Aufgaben der Lösungsweg genau beschrieben.
- Bei einigen Aufgaben sind Verweise zu jenen Buchseiten zu finden, die die entsprechende Theorie enthalten.
- Bei der Erstellung der Lösungen wurde mit gespeicherten Zwischenergebnissen gerechnet.

Dieses Lösungsheft wurde mit großer Sorgfalt erstellt. Sollten trotzdem Fehler passiert sein, so bitten wir, dies dem Verlag (Österreichischer Bundesverlag Schulbuch GmbH & Co.KG, Lassallestraße 9b, 1020 Wien, E-Mail: ahs@oebv.at) mitzuteilen. Wünsche und Anregungen werden ebenfalls gerne entgegengenommen.

1 Stammfunktion und Integral

1.04 a) $F(x) = x$ c) $F(x) = \frac{x^3}{3}$ e) $F(x) = a \cdot x$ g) $F(x) = 0$

b) $F(x) = -\frac{x}{2}$ d) $F(x) = -\frac{x^5}{5}$ f) $F(x) = -a \cdot x$ h) $F(x) = \frac{1}{x}$

1.05 a) $F(x) = \frac{3}{4} \cdot x^{\frac{4}{3}}$ c) $F(x) = \frac{3}{5} \cdot x^{\frac{5}{3}}$ e) $F(x) = -2 \cdot x^{-\frac{1}{2}}$ g) $F(x) = 2\sqrt{x}$

b) $F(x) = 2 \cdot x^{\frac{1}{2}}$ d) $F(x) = -\frac{4}{7} \cdot x^{\frac{7}{4}}$ f) $F(x) = \frac{2}{3}x\sqrt{x}$ h) $F(x) = -\frac{2}{3}x\sqrt{x}$

1.06

	richtig	falsch
Jede Stammfunktion einer Potenzfunktion ist eine Potenzfunktion.	☐	☒
Jede Stammfunktion einer Polynomfunktion ist eine Polynomfunktion.	☒	☐
Jede Stammfunktion einer rationalen Funktion ist eine rationale Funktion.	☐	☒
Jede Stammfunktion einer Exponentialfunktion ist eine Exponentialfunktion.	☐	☒
Jede Stammfunktion einer linearen Funktion ist eine lineare Funktion.	☐	☒

1.07

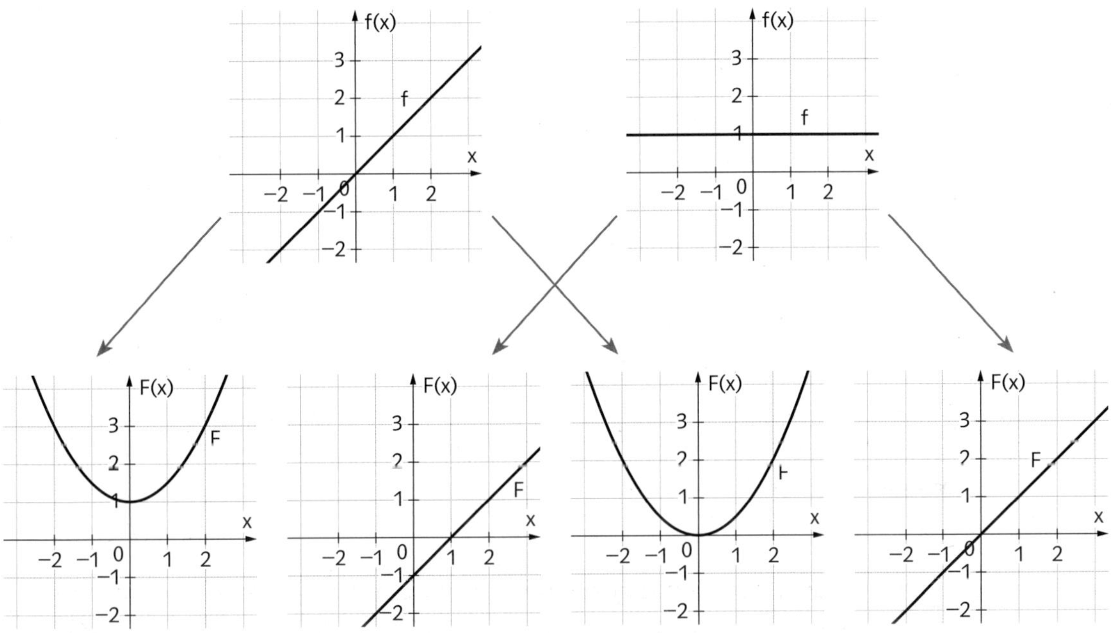

1.08 ☐ $s(t) = 2t$ ☐ $s(t) = t^3$ ☒ $s(t) = \frac{1}{3}t^3$ ☐ $s(t) = t^3 + 1$ ☒ $s(t) = \frac{1}{3} \cdot (t^3 + 1)$

1.09

	richtig	falsch
Ist $f(x) = x^2$, dann ist $F_1(x) = F_2(x) + c$ (wobei $c \in \mathbb{R}$ konstant).	☒	☐
Ist $f(x) = \frac{1}{x^2}$, dann ist $F_1(x) - F_2(x) = c$ (wobei $c \in \mathbb{R}$ konstant).	☐	☒
Ist $f(x) = x^z$ mit $z \in \mathbb{Z}^*$, dann sind F_1 und F_2 Potenzfunktionen.	☐	☒
Es ist möglich, dass $F_1(x) - F_2(x) = x$ ist.	☐	☒

1.10 Sei G + H = K. Dann gilt:

$(F+G+H)'(x) = (F+K)'(x) = F'(x) + K'(x) = F'(x) + G'(x) + H'(x) = f(x) + g(x) + h(x) =$
$= (f+g+h)(x)$

Für n Funktionen:

Seien $F_1, F_2, \ldots, F_n$ Stammfunktionen von $f_1, f_2, \ldots, f_n$, dann gilt:

$F_1 + F_2 + \ldots + F_n$ ist eine Stammfunktion von $f_1 + f_2 + \ldots + f_n$.

1.11
a) $F(x) = \frac{x^3}{3} - \frac{3x^2}{2}$
b) $F(x) = \frac{x^4}{4} + \frac{4x^3}{3} - \frac{x^2}{2}$
c) $F(x) = \frac{2x^5}{5} - \frac{x^3}{3} + \frac{x^2}{2} + x$
d) $F(x) = \frac{x^6}{6} - \frac{x^5}{5} + \frac{x^4}{4} - \frac{x^3}{3} + \frac{x^2}{2} - x$
e) $F(x) = a \cdot \frac{x^5}{5} + b \cdot \frac{x^4}{4} + c \cdot \frac{x^3}{3} + d \cdot \frac{x^2}{2} + e \cdot x$
f) $F(x) = a_3 \cdot \frac{x^4}{4} + a_2 \cdot \frac{x^3}{3} + a_1 \cdot \frac{x^2}{2} + a_0 \cdot x$

1.12
a) $F(x) = -\ln x$
b) $F(x) = 3 \cdot \ln x$
c) $F(x) = \frac{x^2}{2} + \ln x$
d) $F(x) = 2 \cdot \ln x - \frac{x^3}{3}$

1.13
a) $F(x) = \sin x - \cos x$
b) $F(x) = -a \cdot \cos x + b \cdot \sin x$
c) $F(x) = -a \cdot \cos x - b \cdot \sin x$

1.14
a) $F(x) = 2 \cdot e^x$
b) $F(x) = 2x + e^x$
c) $F(x) = \frac{x^2}{2} + e^x$
d) $F(x) = e^x - \cos x$

1.15
a) $F(x) = \frac{10^x}{\ln 10}$
b) $F(x) = \frac{b \cdot a^x}{\ln a}$
c) $F(x) = \frac{u \cdot a^x}{\ln a} + \frac{v \cdot b^x}{\ln b}$

1.16
1) $F_1'(x) = -\frac{1}{x^2} = f(x);\; F_2'(x) = \begin{cases} -\frac{1}{x^2} & \text{für } x < 0 \\ -\frac{1}{x^2} & \text{für } x > 0 \end{cases} = -\frac{1}{x^2} = f(x)$

2)

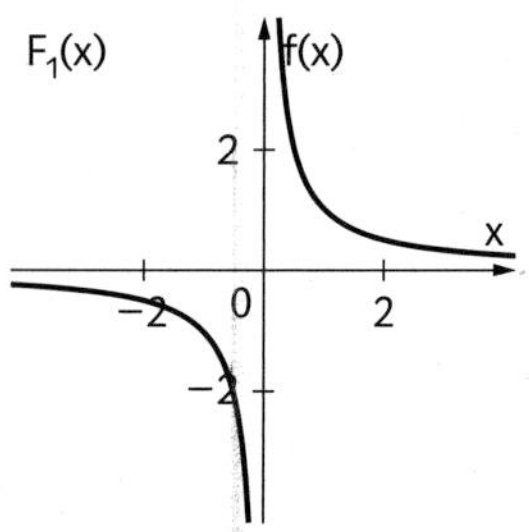

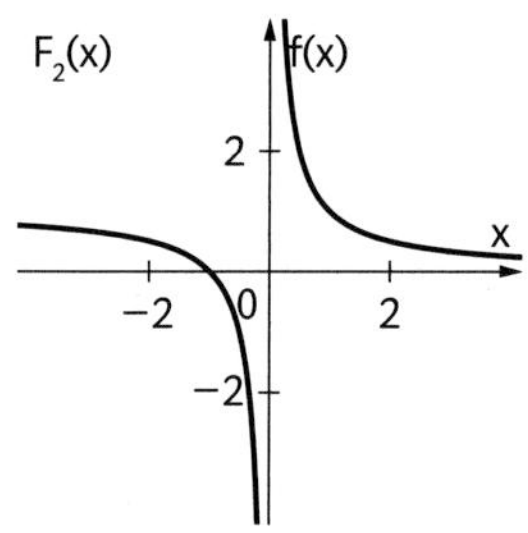

3) Weil der Definitionsbereich von f ist kein Intervall ist.

1.19
a) $\frac{u-1}{2}$
b) u
c) untere Grenze: 0; obere Grenze: 1
d) (2) und (4)

1.20

	richtig	falsch
Für alle Funktionen f: [a; b] → ℝ gilt U(Z) < O(Z).	☐	☒
Für alle Funktionen f: [a; b] → ℝ gilt $U(Z) < \int_a^b f$.	☐	☒
Es gibt eine Funktion f: [a; b] → ℝ, für die $U(Z) \geq \int_a^b f$ ist.	☒	☐
Für alle Funktionen f: [a; b] → ℝ gilt $U(Z) \leq \int_a^b f \leq O(Z)$	☒	☐

1.21 1) $n=1$: $3 \leq A(0;3) \leq 30$
$n=3$: $8 \leq A(0;3) \leq 17$
$n=6$: $9{,}875 \leq A(0;3) \leq 14{,}375$

2) $O-U = \frac{3}{n} \cdot [f(3)-f(0)] = \frac{27}{n}$; $O-U < 0{,}01 \Leftrightarrow n > 2700$

1.22 1) $A(0;4) = \int_0^4 \frac{x}{x+1}dx$ 2) $U = \frac{23}{12}$, $O = \frac{163}{60}$, $\int_0^4 \frac{x}{x+1}dx \approx \frac{U+O}{2} = \frac{139}{60} \approx 2{,}32$

1.23 Sei $Z = (x_0 | x_1 | x_2 | \ldots | x_n)$ eine Zerlegung von $[a; b]$ und seien $\Delta x_1, \Delta x_2, \ldots, \Delta x_n$ die Längen der entsprechenden Teilintervalle. Seien $m_1, m_2, \ldots, m_n$ Minimumstellen und $M_1, M_2, \ldots, M_n$ Maximumstellen von f in diesen Teilintervallen. Dann gilt:
$U_f(Z) = f(m_1) \cdot \Delta x_1 + f(m_2) \cdot \Delta x_2 + \ldots + f(m_n) \cdot \Delta x_n \leq f(M_1) \cdot \Delta x_1 + f(M_2) \cdot \Delta x_2 + \ldots + f(M_n) \cdot \Delta x_n = O_f(Z)$

1.24 Aus $f(m_i) \leq f(\overline{x_i}) \leq f(M_i)$ folgt:
$$\underset{U}{\sum_{i=1}^{n} f(m_i) \cdot \Delta x_i} \leq \underset{S}{\sum_{i=1}^{n} f(\overline{x_i}) \cdot \Delta x_i} \leq \underset{O}{\sum_{i=1}^{n} f(M_i) \cdot \Delta x_i}$$

1.25 1) $U = 11$; $O = 19$ 2) $S = 14{,}5$; $11 < 14{,}5 < 19$

1.27 a) 4 b) -1 c) 0 d) $\ln 10 \approx 2{,}30$ e) $\frac{2}{3}$ f) $\frac{1}{4}$ g) $\frac{3}{8}$ h) $\frac{7}{24}$

1.28 a) $\frac{14}{3}$ b) $\frac{45}{4}$ c) $\frac{52}{3} \cdot \sqrt{2}$ d) $\frac{2}{5}(v^2\sqrt{v} - u^2\sqrt{u})$ e) $\frac{38}{3}$

1.29 a) 2 b) 2 c) $\frac{\sqrt{2}}{2}$ d) 1

1.30 a) $e-1$ b) $\frac{1}{\ln 2}$ c) $\frac{2}{\ln 3}$ d) $\ln 2$ e) -1

1.31 a) $a=6$ b) $a=2$ c) $a=\sqrt{3}$ d) $a=6$ e) $a=1$ f) $a=\ln 2$

1.32 a) $-\frac{16}{3}$ b) 7,5 c) -6 d) $\frac{22}{3}$

1.33 a) $-\frac{4}{3}$ b) -6 c) $\frac{2a}{3} + 2c$ d) $-2x$

1.34 a) $2t^2$ b) $\frac{8}{3} \cdot z$ c) $\frac{t}{2}$ d) $\frac{3}{2x^2}$ e) $\frac{7}{3y^2}$ f) $\frac{x^2}{2}$

1.35 a) $\int_a^b (-f) = \int_a^b (-1) \cdot f = (-1) \cdot \int_a^b f = -\int_a^b f$

b) $\int_a^b (c \cdot f + d \cdot g) = \int_a^b c \cdot f + \int_a^b d \cdot g = c \cdot \int_a^b f + d \cdot \int_a^b f$

c) $\int_a^b (c \cdot f - d \cdot g) = \int_a^b (c \cdot f + (-d) \cdot g) = \int_a^b c \cdot f + \int_a^b (-d) \cdot g = c \cdot \int_a^b f + (-d) \cdot \int_a^b g = c \cdot \int_a^b f - d \cdot \int_a^b g$

1.36 a) 975 b) $\frac{5\pi}{16}$ c) $2k$ d) $-\frac{2}{15} \cdot (5 \cdot \sqrt{5} - 8) \approx -0{,}424$ e) $\frac{a^2}{2} \cdot \left(\frac{7m^3}{3} - m\right)$ f) $\frac{3-4u}{2u^2}$ g) $24 \cdot (\pi + 2)$ h) $\frac{30}{\ln 6} - 6 \cdot \ln 2 \approx 12{,}584$ i) $5 \cdot (6 - \ln 2) \approx 26{,}534$

1.37 a) 2 b) $e^2 - 1$ c) $\frac{2a}{5} \cdot \left(2e^2 + \ln 2 + \frac{1}{2}\right)$

1.38 a) $-\frac{5}{4}$ c) $\frac{\pi}{2}$ e) 10
b) 0 d) $2-\sqrt{2}$ f) 0
Hinweis zu c): Beachte, dass $\sin^2 x + \cos^2 x = 1$ ist!

1.39 a) 0 b) 4 c) 0

1.40 a) $\frac{1}{2} \cdot (e^8 - 1)$ b) $5 \cdot \left(1 - \frac{1}{e^8}\right)$ c) $\frac{1}{2 \cdot \ln a} \cdot \left(a^2 - \frac{1}{a^2}\right)$ d) $\frac{1}{2 \cdot \ln a} \cdot \left(a^2 - \frac{1}{a^2}\right)$

1.41 a) $a = \frac{\pi}{4} \lor a = \frac{3\pi}{4}$ b) $a = \pi$

1.42 a) Siehe Seite 6!
b) ZB: $F_1(x) = \frac{x^4}{8}$, $F_2(x) = \frac{x^4}{8} + 1$, $F_3(x) = \frac{x^4}{8} - 10$
Die Stammfunktionen unterscheiden sich durch eine additive Konstante.

1.43 Siehe Seite 8!

1.44 a) $F(x) = -\cos x$ b) $F(x) = \sin x$ c) $F(x) = e^x$ g) $F(x) = \frac{a^x}{\ln a}$ e) $F(x) = \ln x$

1.45 Siehe Seiten 11/12!

1.46 Siehe Seite 13! f muss stetig vorausgesetzt werden.

1.47 a) Siehe Seite 14! b) Siehe Seite 17!

1.48 Siehe Seite 18!

1.49 Siehe Seite 20!

1.51

	richtig	falsch
Zwei Stammfunktionen einer Funktion f: $\mathbb{R}^* \to \mathbb{R}$ unterscheiden sich stets nur um eine Konstante.	☐	☒
Zwei Stammfunktionen einer Funktion f: $[a; b] \to \mathbb{R}$ unterscheiden sich stets nur um eine Konstante.	☒	☐
Jede Stammfunktion der Funktion f mit $f(x) = 0$ für alle $x \in \mathbb{R}$ ist konstant.	☒	☐
Jede Stammfunktion einer konstanten Funktion f: $\mathbb{R} \to \mathbb{R}$ ist konstant.	☐	☒
Jede Stammfunktion einer konstanten Funktion f: $\mathbb{R} \to \mathbb{R}$ ist linear.	☒	☐
Jede Stammfunktion einer konstanten Funktion f: $\mathbb{R} \to \mathbb{R}$ ist eine direkte Proportionalitätsfunktion.	☐	☒

1.52 Sei $f(x) = a_n \cdot x^n + a_{n-1} \cdot x^{n-1} + \ldots + a_1 \cdot x + a_0$ eine Polynomfunktion.
Dann ist $F(x) = a_n \cdot \frac{x^{n+1}}{n+1} + a_{n-1} \cdot \frac{x^n}{n} + \ldots + a_1 \cdot \frac{x^2}{2} + a_0 \cdot x$ eine Stammfunktion von f.
Außerdem ist aber auch $F_c(x) = F(x) + c$ für jedes $c \in \mathbb{R}$ eine Stammfunktion von f.

1.53 a) ZB: $F_1(x) = \frac{x^2}{2}$, $F_2(x) = \frac{x^2}{2} + 2$, $F_3(x) = \frac{x^2}{2} - 5$
b) ZB: $F_1(x) = -\frac{2}{3x} - \frac{3x^2}{4}$, $F_2(x) = -\frac{2}{3x} - \frac{3x^2}{4} + 1$, $F_3(x) = -\frac{2}{3x} - \frac{3x^2}{4} + 20$
c) ZB: $F_1(x) = -\frac{x^4}{4} + x$, $F_2(x) = -\frac{x^4}{4} + x + 2$, $F_3(x) = -\frac{x^4}{4} + x - 1$
d) ZB: $F_1(x) = x + \frac{1}{x}$, $F_2(x) = x + \frac{1}{x} + 1$, $F_3(x) = x + \frac{1}{x} + 6$
e) ZB: $F_1(x) = \frac{x^3}{3} - \frac{x^4}{4}$, $F_2(x) = \frac{x^3}{3} - \frac{x^4}{4} - 1$, $F_3(x) = \frac{x^3}{3} - \frac{x^4}{4} + 2$
f) ZB: $F_1(x) = -\cos x - \frac{1}{2}\sin x$, $F_2(x) = -\cos x - \frac{1}{2}\sin x + 1$, $F_3(x) = -\cos x - \frac{1}{2}\sin x + 2$

g) ZB: $F_1(x) = 3x$, $F_2(x) = 3x + 5$, $F_3(x) = 3x - 4$

h) ZB: $F_1(x) = e^x + x$, $F_2(x) = e^x + x + 2$, $F_3(x) = e^x + x - 2$

1.54

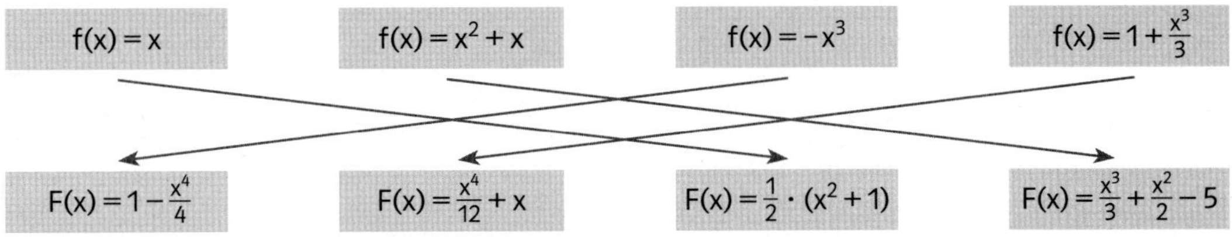

1.55

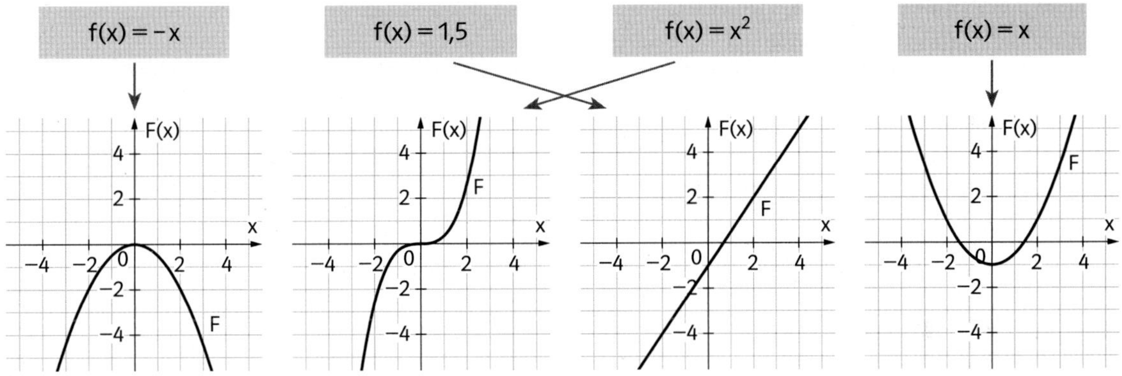

1.56 $f(x) = x^3 - \frac{x^2}{2} + 1{,}5$

1.57 $f(x) = \sin x + 1$

1.58 $f(x) = \frac{x^3}{2} - x^2 - \frac{x}{2} + 1$

1.59 an der Stelle $x = 1$

1.60 ZB: $f(x) = 1$, $a = 0$, $b = 2$

1.61 **a)** $f(x) = \frac{x^2}{2} - x + \frac{17}{6}$ **b)** $f(x) = 3x^3$

2 Einige Anwendungen der Integralrechnung

2.03 a) $\frac{16}{3}$ b) $\frac{32}{3}$ c) 7,2 d) $\frac{53}{6}$ e) 88,5 f) $\frac{10}{3}$

2.04 a) 0,3 b) $\frac{52}{3}$ c) $\frac{8}{\ln 3} \approx 7{,}28$ d) 19,2 e) $\frac{16}{3}$ f) 2

2.05 a) $-\frac{32}{3}$ b) 29,4 c) 5

2.06 a) 2 b) 2 c) $\pi - 2$

2.07 a) 153,6

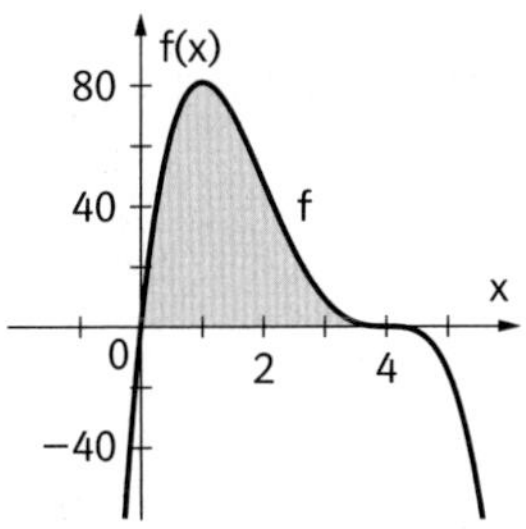

b) $\frac{256}{3}$

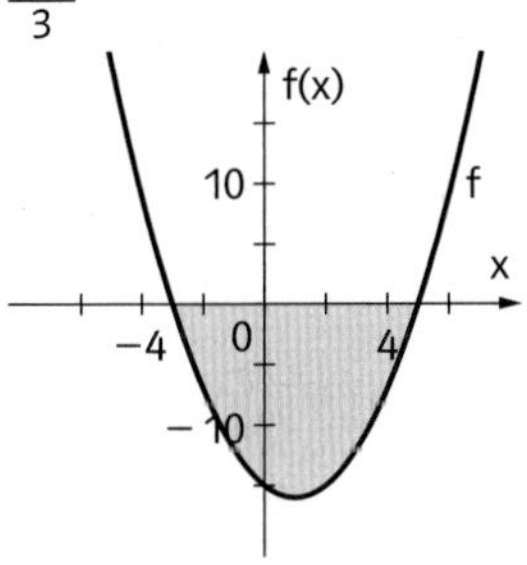

c) $\frac{20}{3} \cdot \sqrt{5}$

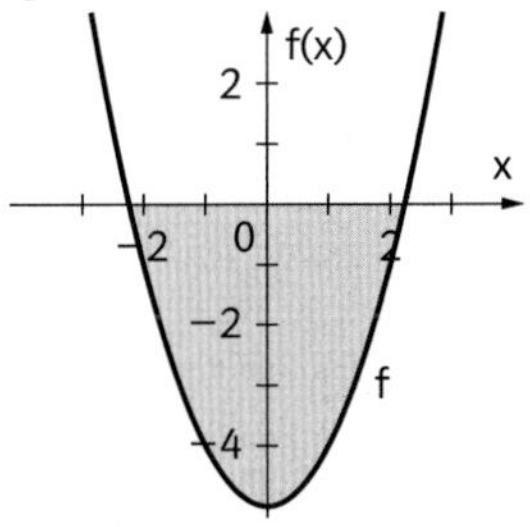

d) $\frac{1}{12}$

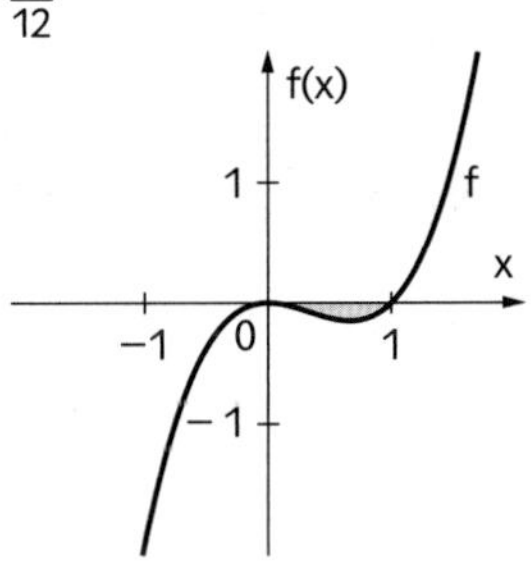

e) $21\frac{1}{12}$

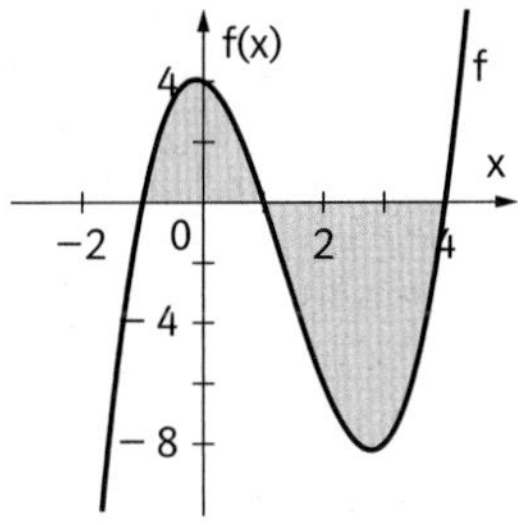

f) $\frac{71}{6}$

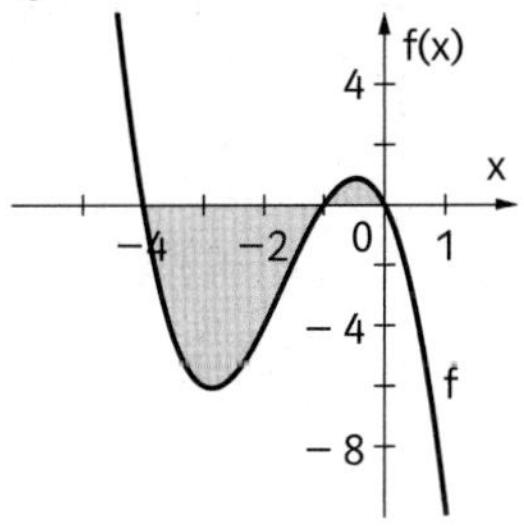

2.08 a) 18

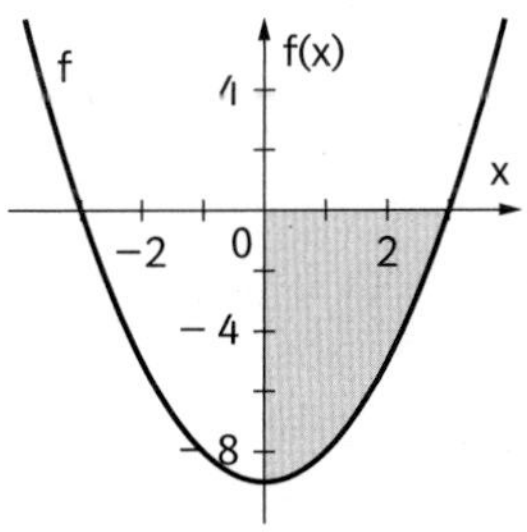

b) $\frac{200}{3}$

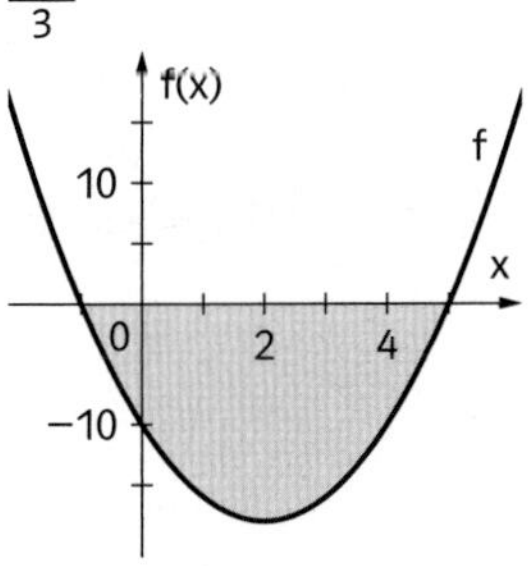

c) $\frac{1}{3}$

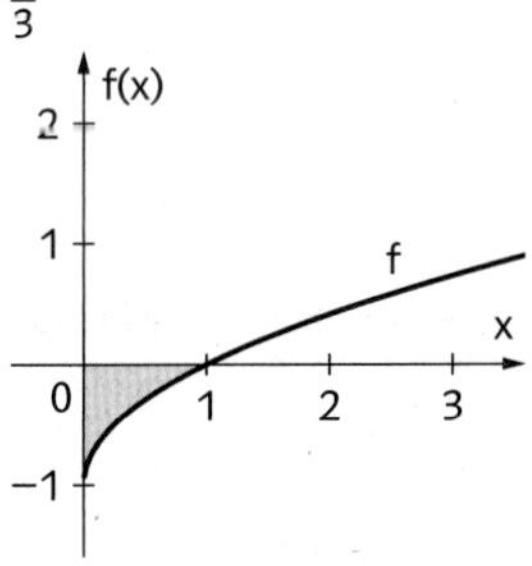

d) 0,75

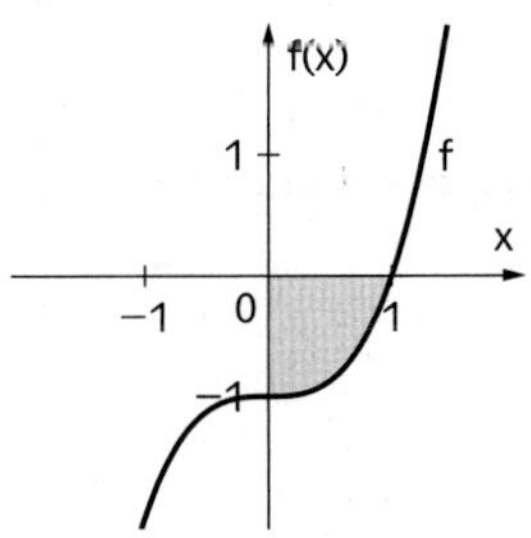

e) $\frac{19}{12}$

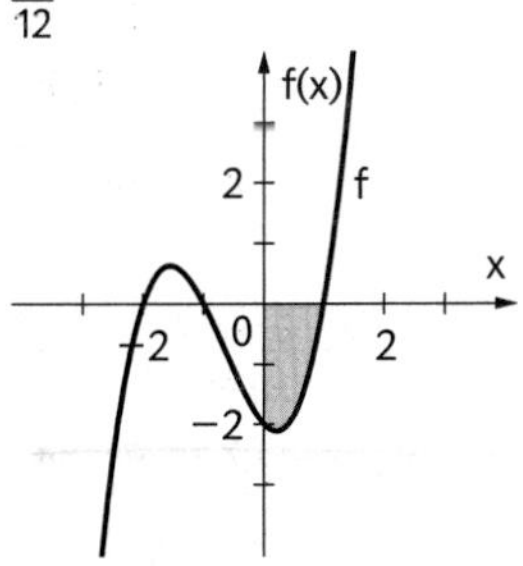

f) 1

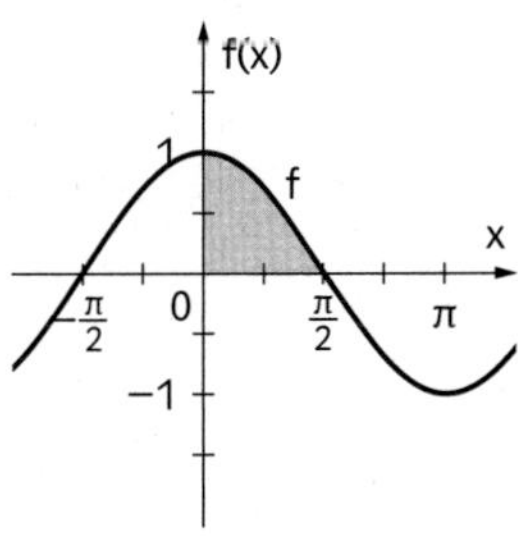

2.09 **a)** 0,25

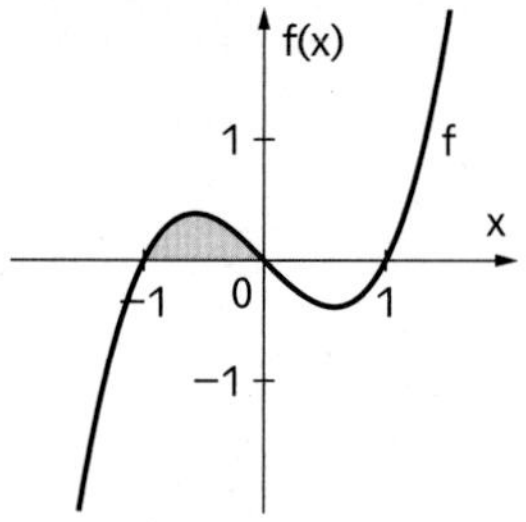

c) $\frac{2048}{15} \approx 136{,}53$

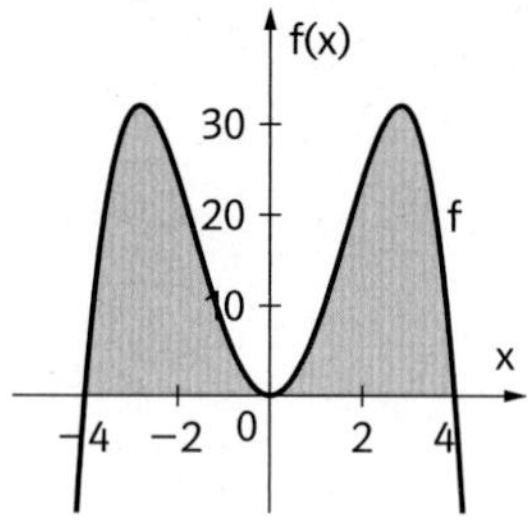

e) $4 \cdot \sqrt{3} \approx 6{,}93$

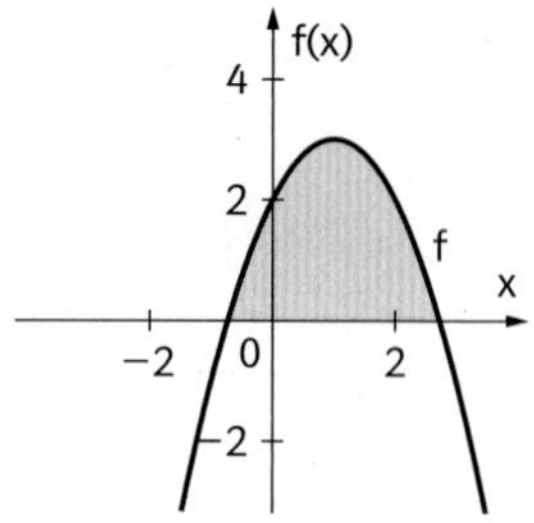

b) 40,5

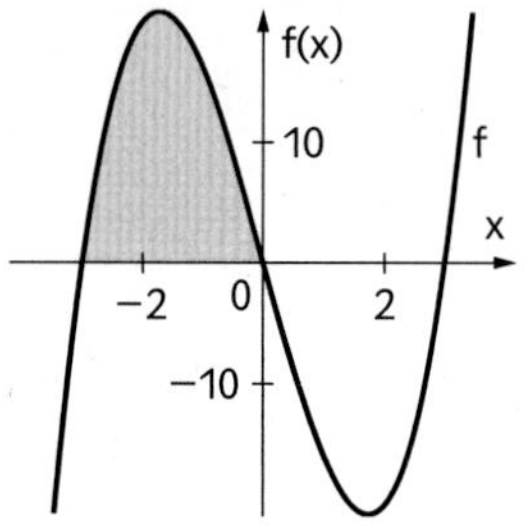

d) $4 \cdot \sqrt{3} \approx 6{,}93$

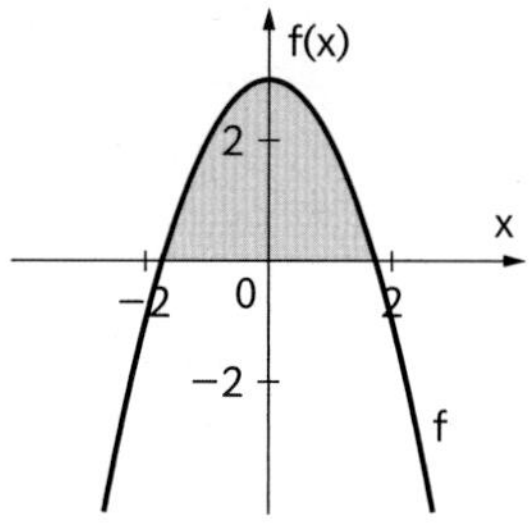

f) $\frac{64}{3} \approx 21{,}33$

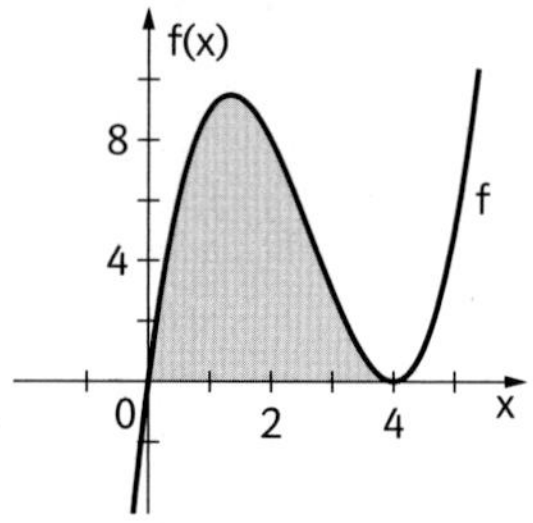

2.10 **a)** 24 **b)** −5

2.11

	trifft zu	trifft nicht zu
$\int_0^2 f(x)\,dx > \int_2^3 f(x)\,dx$	☐	☒
$\int_2^3 f(x)\,dx$ ist der Flächeninhalt zwischen dem Graphen und der x-Achse im Intervall [2; 3].	☒	☐
$\int_0^2 f(x)\,dx < 0$	☒	☐
$\int_0^3 f(x)\,dx < 0$	☒	☐
$\int_0^3 f(x)\,dx$ ist der Flächeninhalt zwischen dem Graphen und der x-Achse im Intervall [0; 3].	☐	☒

2.12 Zeige, dass $f(x) = 0 \Leftrightarrow x = 0 \vee x = 9$ und dass $f'(9) = 0$ ist.
$A = 20{,}25$

2.13 **a)** $a = 1$ **c)** $a = 4$ **e)** $a = 4$
b) $a = 6$ **d)** $a = 3$ **f)** $a = 1$

2.14 **a)** $a = 4$ **b)** $a = 0{,}5$ **c)** $a = 4$ **d)** $a = \frac{64}{27}$

2.16 Nein, da nicht stets $f(x) \geq g(x)$ für $x \in [a, d]$. $A = \int_a^b (f-g) + \int_b^c (g-f) + \int_c^d (f-g)$

2.17 **a)** $\frac{1}{6}$ **b)** $\frac{1}{4}$

2.18 **a)** $\frac{64}{3}$ **b)** $8 \cdot \sqrt{6}$ **c)** $\frac{1}{3}$ **d)** $\frac{32}{3}$

2.19 a) $\frac{8}{3} \cdot \sqrt{2}$ b) $\frac{4096}{15} \cdot \sqrt{2}$

2.20 a) 9 b) $\frac{9}{4}$

2.21 a) $32 \cdot \sqrt{3}$ b) $\frac{32}{3}$ c) $2 \cdot \sqrt{6}$ d) 45

2.22 a) $S_1 = (-1|4)$, $S_2 = (5|16)$; $A = 108$; $1:2$
b) $S_1 = (-2|1)$, $S_2 = (1|-14)$; $A = 40{,}5$; $4:5$
c) $S_1 = (1|3)$, $S_2 = (-3|23)$; $A = 32$; $1:2$
d) $S_1 = (2|17)$, $S_2 = (5|-10)$; $A = 22{,}5$; $2:3$

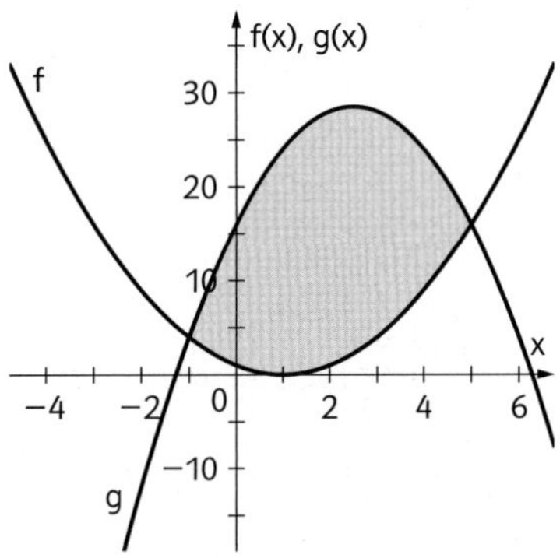

Abb. zu 2.22 a)

2.23 $\sqrt{3} - \frac{\pi}{3} \approx 0{,}68$

2.24 a) $8\pi \approx 25{,}13$ b) $12\pi \approx 37{,}70$

2.25 $4\pi \approx 12{,}57$

2.26 $\frac{11}{42}$

2.27 4

2.28 $A_1 = \frac{1}{a} \cdot \int_0^a x^2\,dx = \frac{a^2}{3}$

$A_2 = a^2 - \frac{a^2}{3} = \frac{2a^2}{3}$ $A_1 : A_2 = 1 : 2$

2.29 $H = (3|7{,}4)$, $T = (5|2)$, $A = \frac{149}{15} \approx 9{,}93$

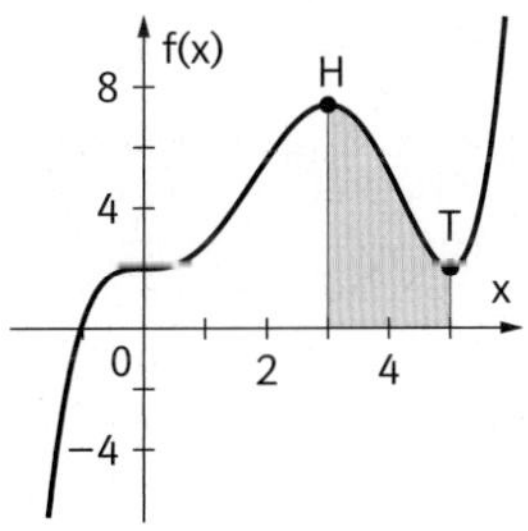

2.30 a) $H = (1|2)$, $W = (2|0)$, $A = \frac{1}{4}$ b) $H = (2|-1)$, $W = (1|-3)$, $A = \frac{1}{4}$

2.31 $t: y = 3{,}2x + 4$; $11:64$

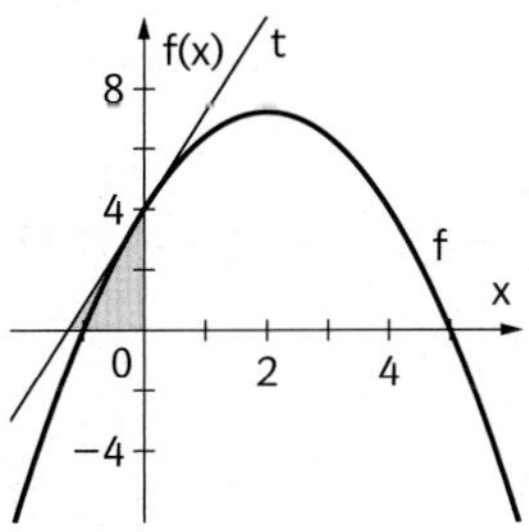

2.32 1) $W = (2|2) \in g$ 2) $S_1 = (-2|0)$, $S_2 = (6|4)$ 3) $A_1 = A_2 = 8$

2.33 $g: x = \frac{3}{2} \cdot \sqrt[3]{4}$

2.34 $H = (1 \mid 4)$; $A = 0{,}2$

2.35 a) 1) $f(x) = -0{,}5x^2 + 2x + 6$

2) $A = \frac{128}{3}$

3) $H = (2 \mid 8)$; $g: y = 2x + 4$; $A_1 : A_2 = \frac{16}{3} : \frac{112}{3} = 1 : 7$

4) $P = (-1 \mid 4)$, $Q = (3 \mid 12)$, $R = (2 \mid 16)$, $A_{ABC} : A_{PQR} = 24 : 12 = 2 : 1$

b) 1) $f(x) = -0{,}5x^2 + 3x + 8$

2) $A = \frac{250}{3}$

3) $H = (3 \mid 12{,}5)$; $g: y = 2{,}5x + 5$; $A_1 : A_2 = \frac{125}{12} : \frac{875}{12} = 1 : 7$

4) $P = (-1 \mid 5)$, $Q = (4 \mid 20)$, $R = (3 \mid 25)$; $A_{ABC} : A_{PQR} = 40 : 20 = 2 : 1$

2.37 1) $w(t_1; t_2) = t_2^2 - t_1^2 + 10 \cdot (t_2 - t_1)$ 2) $w(0; 3) = 39\,\text{m}$ 3) $w(1; 3) = 28\,\text{m}$

2.38 $s(t) = \frac{3}{2}t^2 + 15t + 1500\,(\text{m})$

2.39 Die Länge des im Zeitintervall [a; b] zurückgelegten Weges.

Denn $\int_a^b v(t)\,dt$ kann einerseits als Länge des im Zeitintervall [a; b] zurückgelegten Weges wie andererseits als Inhalt der von der Funktion v in [a; b] festgelegten Fläche gedeutet werden.

2.40 $\int_0^a f(x)\,dx$ bedeutet:

1) die Länge des im Zeitintervall [0; a] zurückgelegten Weges,
2) den Inhalt der Flussoberfläche von der Quelle bis a.

2.41 1)

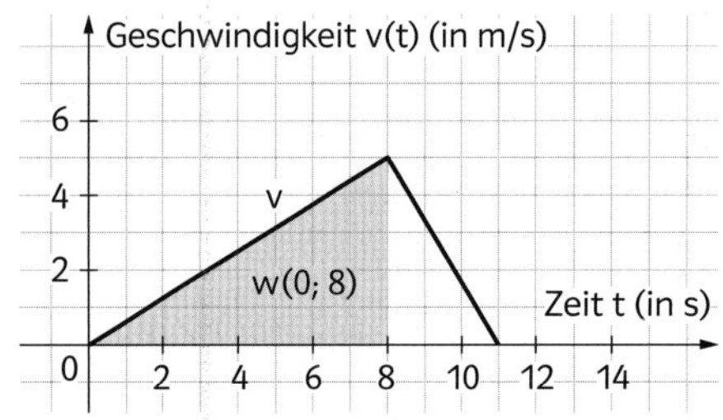

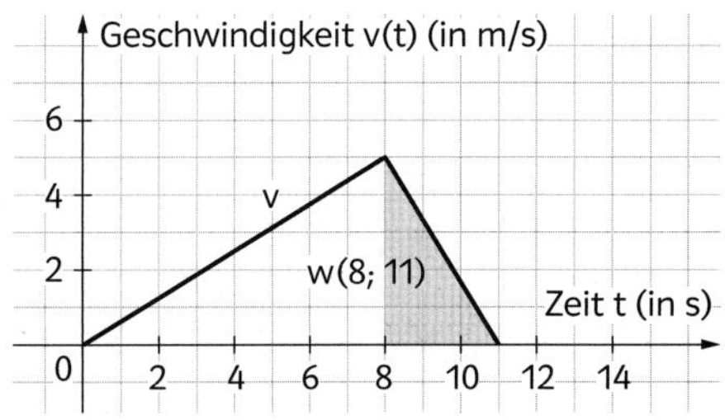

2) $w(0; 8) = \int_0^8 v(t)\,dt = 20$ $w(8; 11) = \int_8^{11} v(t)\,dt = 7{,}5$

2.42 1) Siehe Abb. rechts!
2) beschleunigt
3) $w(0; 10) = \int_0^{10} 0{,}4t\,dt$
4) $w(0; 10) = 20\,\text{m}$

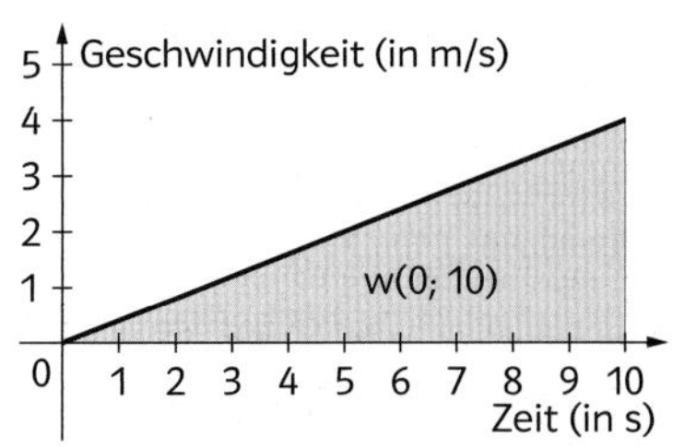

2.43 a) 18 m b) 9 m

2.44

	trifft zu	trifft nicht zu
Zum Zeitpunkt 2 ist der Körper weiter vom Ausgangsort entfernt als zum Zeitpunkt 3.	☒	☐
$\int_1^2 v(t)\,dt$ ist die Länge des in den ersten zwei Minuten zurückgelegten Weges.	☐	☒
Der Körper bewegt sich stets in der gleichen Richtung (dh. fährt nie zurück).	☐	☒
In der ersten Minute legt der Körper einen kürzeren Weg zurück als in der letzten Minute.	☐	☒
Nach vier Minuten ist der Körper gleich weit vom Ausgangsort entfernt wie nach zwei Minuten.	☒	☐

2.45 1) Bremsweg $= \frac{v_0^2}{16}$ (m); Anhalteweg $= v_0 + \frac{v_0^2}{16}$ (m)

2) Bremsweg: 4 m bzw. 25 m; Anhalteweg: 12 m bzw. 45 m

3) Bremsweg: ≈ 48,2 m bzw. ≈ 108,5 m; Anhalteweg: ≈ 76 m bzw. ≈ 150 m

2.47 1) $w(t_1; t_2) = \frac{1}{12} \cdot (t_2^4 - t_1^4) + \frac{1}{6} \cdot (t_2^3 - t_1^3) + t_2 - t_1$ 2) $w(0; 5) \approx 77{,}92$ m

2.48 1) $w(t_1; t_2) = -\frac{1}{6} \cdot (t_2^3 - t_1^3) + 10 \cdot (t_2 - t_1)$ 2) $w(0; 5) \approx 29{,}17$ m

2.49 1) $v(t) = \frac{t^2}{8} + 5$ 2) $w(0; 3) = 16{,}125$ m

2.50 1) $a(t) = v'(t) = g \Rightarrow v(t) = g \cdot t$

2) $v(t) = s'(t) = g \cdot t \Rightarrow s(t) = \frac{g}{2}t^2 \Rightarrow h(t) = 20 - \frac{g}{2}t^2$

$h(t) \geq 0 \Leftrightarrow 20 - \frac{g}{2}t^2 \geq 0 \Leftrightarrow 0 \leq t \leq \sqrt{\frac{40}{g}}$

2.51 1) 40 Sekunden

2) $v(t) = 3{,}2t - 0{,}08t^2 + \frac{0{,}002}{3}t^3$

3) $v(40) \approx 42{,}67$ m/s ≈ 153,6 km/h

4) $s(t) = 1{,}6t^2 - \frac{0{,}08}{3}t^3 + \frac{0{,}002}{12}t^4$

5) $w(0; 40) = 1280$ m

2.53 1) Gehe analog zu Aufgabe 2.52 vor! 2) $V = 115{,}2$

2.54 $V \approx 155{,}2$

2.55 $V \approx 29722\ m^3$

2.56 Wir zerlegen das Höhenintervall [0; 4] in Teilintervalle der Länge Δz. Ist $A(z)$ der Inhalt der Querschnittsfläche in der Höhe z und ΔV das Volumen der zum Teilintervall $[z; z + \Delta z]$ gehörigen Schicht, dann gilt:

1. Schritt: $\Delta V \approx A(z) \cdot \Delta z$
2. Schritt: $V \approx \sum A(z) \cdot \Delta z$
3. Schritt: Diese Näherung gilt im Allgemeinen umso genauer, je kleiner Δz ist. Für $\Delta z \to 0$ ergibt sich:

$$V = \int_0^4 A(z)\,dz$$

2.58 $r(z) : r = (h - z) : h \Rightarrow r(z) = \frac{r \cdot (h - z)}{h}$
$A(z) = [r(z)]^2 \cdot \pi;\ V = \int_0^h A(z)\,dz = \ldots = \frac{r^2 \pi h}{3}$

2.59 $A(z) = r^2\pi;\ V = \int_0^h A(z)\,dz = \ldots = r^2 \cdot \pi \cdot h$

2.61 a) $V = \frac{8\pi}{3} ab^2$ b) $V = 4\pi a^2 b\sqrt{3}$

2.62 a) $V = 4p^3\pi$ b) $V = 4p^3\pi$

2.63 a) $V = \frac{125}{27}\pi \approx 14{,}54$ b) $V = \frac{1492}{25}\pi \approx 187{,}49$ c) $V = \frac{726}{5}\pi \approx 456{,}16$ d) $V = 2\pi \cdot \left(e^6 - \frac{1}{e^2}\right) \approx 2\,533{,}97$ e) $V = \frac{a^7}{5}\pi$ f) $V = a\pi \cdot \left(\frac{a^8}{7} + 4a^4 + 64\right)$

2.64 a) $V = \frac{64}{9}\pi \approx 22{,}34$ b) $V = 84\pi \approx 263{,}89$ c) $V = 4\pi \approx 12{,}57$ d) $V = \frac{31}{5}\pi \approx 19{,}48$ e) $V = 3\pi \approx 9{,}42$ f) $V = \frac{7a^4}{6}\pi$

2.65 $V = \pi \cdot \int_{-r}^{r} (r^2 - x^2)\,dx = 2\pi \cdot \int_0^r (r^2 - x^2)\,dx = \ldots = \frac{4\pi r^3}{3}$

2.66 a) $V = 259{,}2\pi \approx 814{,}30$ b) $V = \frac{729}{35}\pi \approx 65{,}43$ c) $V = \frac{32}{3}\pi \approx 33{,}51$ d) $V = 18\pi \approx 56{,}55$

2.67 a) $V = r^2\pi h$ (Volumen eines Drehzylinders mit dem Radius r und der Höhe h)

b) $V = \frac{h^3\pi}{3}$ (Volumen eines Drehkegels mit dem Radius h und der Höhe h)

c) $V = \pi \cdot \left(4h + 2h^2 + \frac{h^3}{3}\right) = \frac{\pi h}{3} \cdot (12 + 6h + h^2) = \frac{\pi h}{3} \cdot [\underbrace{4}_{r^2} + \underbrace{2 \cdot (h + 2)}_{r \cdot R} + \underbrace{(h + 2)^2}_{R^2}]$

(Volumen eines Drehkegelstumpfes mit der Höhe h und den Radien $r = 2$ und $R = h + 2$)

d) $V = \frac{\pi h}{3} \cdot (r^2 + r \cdot R + R^2)$
(Volumen eines Drehkegelstumpfes mit der Höhe h und den Radien r und R)

2.68 a) $V_1 : V_2 = 4 : 5$ b) $V_1 : V_2 = 75 : 124$ c) $V_1 : V_2 = 6 : 7$ d) $V_1 : V_2 = 1 : 2$

2.69 a) $V_1 = 96 \cdot \pi,\ V_2 = \frac{93}{2} \cdot \pi$ b) $V_1 = \frac{336}{5} \cdot \pi,\ V_2 = 46 \cdot \pi$

2.70 1) $h \approx 3\,cm$ 2) $h \approx 4{,}2\,cm$

2.71 $V_{Par} = \frac{r^2\pi h}{2} \wedge V_{Zyl} = r^2\pi h \Rightarrow V_{Par} = \frac{1}{2} \cdot V_{Zyl}$

2.73 a) $W = 0{,}5\,J$ b) $W = 1\,J$ c) $W = 0{,}005 \cdot k_0\,(J)$

2.74 1) Ja 2) Nein, die Arbeit wird viermal so groß.

2.75 1) $W = G \cdot M \cdot m \cdot \left(\frac{1}{r_1} - \frac{1}{r_2}\right)$ 2) $W \approx 2{,}8 \cdot 10^9\,J$ 3) $W \approx 3{,}12 \cdot 10^9\,J$

2.76 Wir zerlegen das Zeitintervall [a; b] in Teilintervalle der Länge Δt. Ist $P(t)$ die Leistung zum Zeitpunkt und ΔW die im Teilintervall $[t; t + \Delta t]$ verrichtete Arbeit, dann gilt:
1. Schritt: $\Delta W \approx P(t) \cdot \Delta t$
2. Schritt: $W \approx \sum P(t) \cdot \Delta t$
3. Schritt: Diese Näherung ist im Allgemeinen umso genauer, je kleiner Δt ist.

Für $\Delta t \to 0$ ergibt sich: $W(a, b) = \int_a^b P(t)\,dt$

2.77 26 MJ

2.78 $P(t) \approx 7{,}2 \cdot 0{,}95704^t;\ W(0; 24) = \int_0^{24} P(t)\,dt \approx 106{,}81\,MJ$

2.80 Aus $\int_a^b f'(t)\,dt = f(b) - f(a)$ folgt speziell $\int_a^b s'(t)\,dt = s(b) - s(a) = w(a, b)$ und daraus folgt $\int_a^b v(t)\,dt = w(a, b)$.
s muss differenzierbar mit stetiger Ableitung v sein.

2.81 **1)** Die pro Stunde ausgeflossene Wassermenge nimmt mit der Zeit ab.
2) $\int_0^6 R(t)\,dt$ gibt das Volumen der in den ersten sechs Stunden ausgeflossenen Wassermenge (in m^3) an.
$\int_0^6 R(t)\,dt \approx 140\,(m^3)$

2.82 **1)** Die Dosierung nimmt in den ersten 4 h zu, und zwar immer langsamer. Sie erreicht nach 4 h ihren größten Wert. Anschließend nimmt sie wieder ab, und zwar zuerst schneller und dann langsamer.
2) Die Zunahme der Dosierung ist zum Zeitpunkt 0 am stärksten, die Abnahme ca. zum Zeitpunkt 8 am stärksten.
3) Die grün unterlegte Fläche gibt die in den 24 h insgesamt verabreichte Medikamentenmenge (in mg) an.
4) $\int_6^{16} D(t)\,dt$

2.83 **1)** ca. 10 000 t
2) nach ca. 35 Jahren
3) im 4. Jahrzehnt
4) nach 50 Jahren
5) die in den letzten 20 Jahren insgesamt geförderte Erzmenge
6) $1000 \cdot \int_0^{50} R(t)\,dt$ (Tonnen)

2.84 **1)** zugenommen: [0; 10]; abgenommen: [10; 15]
2) $A = \int_0^{10} (G - S)$ = Zunahme der Population im Intervall [0; 10]
3) nach ca. 5 Jahren

2.85 **1)** $V(t) = t^2 - 10t + 25$ (l) **2)** $V(2) - V(4) = 8$ (l)

2.86 **a)** $A = \int_a^b f$ **b)** $A = -\int_a^b f$

2.87 Siehe Seite 30!

2.88 Siehe Seite 36!

2.89 Siehe Seite 38!

2.90 Siehe Seite 41!

2.91 Siehe Seite 43!

2.93 **a)** $\frac{24}{5} \cdot \sqrt[3]{2} + 8 \approx 14{,}05$ **b)** $3\pi - 1 \approx 8{,}42$

2.94 $c = \sqrt[3]{4}$

2.95 4,25

2.96 **a)** $\frac{32}{3}$ **b)** 36 **c)** $\frac{32}{3}$ **d)** 4,5

2.97 **a)** $S_1 = (-3|0)$, $S_2 = (3|0)$, $A = 45$
b) $S_1 = (-2|8)$, $S_2 = (2|8)$, $A = 16$
c) $S_1 = (0|0)$, $S_2 = (2|10)$, $A = \frac{16}{3}$

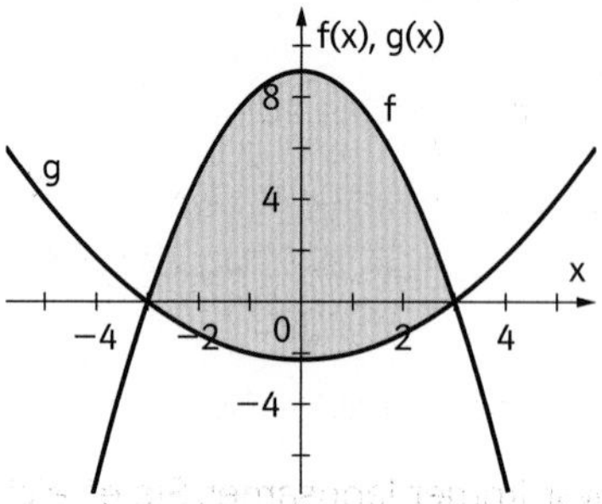

Abb. zu 2.97 a)

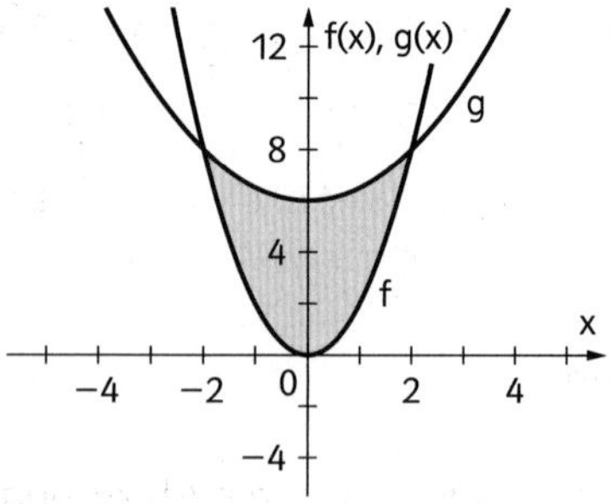

Abb. zu 2.97 b)

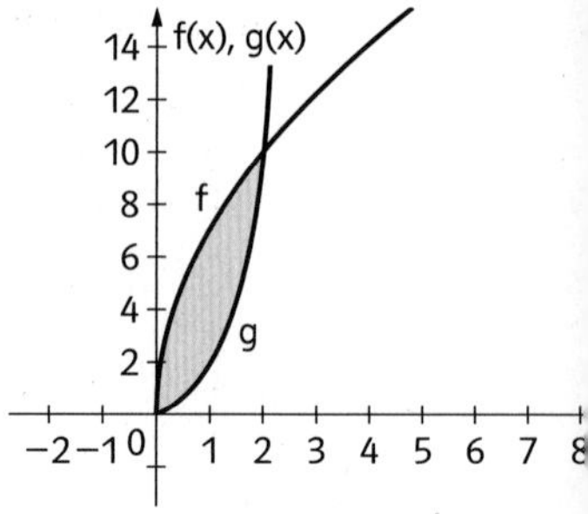

Abb. zu 2.97 c)

2.98 $\int_{-1}^{1} f(x)\,dx = 0$, aber der Inhalt der Fläche, die der Graph von f mit der x-Achse einschließt, beträgt 0,5. Siehe Abb. rechts!

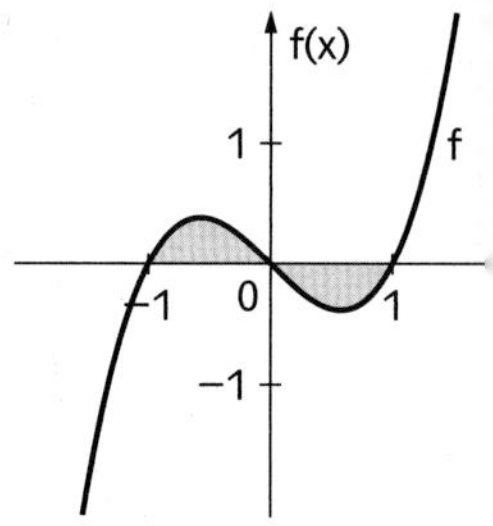

2.99 **1)** $f(x) = x^3 - 6x^2 + 9x$; $f(4) = g(4) = 4$
2) $A = \frac{3}{4}$

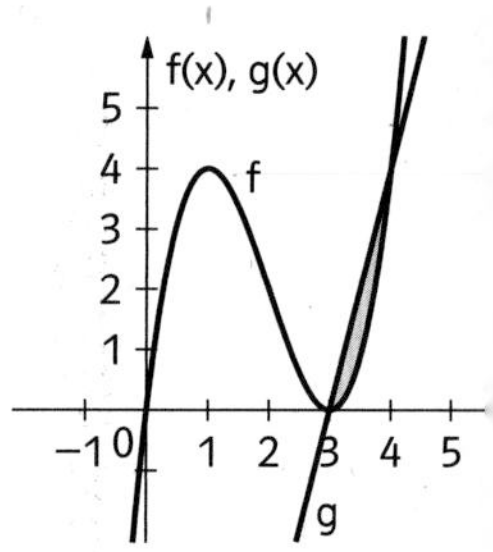

Abb. zu 2.99 2)

2.100 $V \approx 4133\,m^3$

2.101 **1)** $t = 10\,s$
2) Bremsweg: $w(0; 10) \approx 133{,}3\,m$
3) Anhalteweg: $\approx 149{,}3\,m$

2.102 **1)** Der Zug beschleunigt 12 s lang mit konstanter Beschleunigung $a = \frac{17{,}5}{12} \approx 1{,}46\,m/s^2$ und legt dabei 105 m zurück.
2) Der Zug bremst 30 s lang mit konstanter Verzögerung $a = -0{,}58\,m/s^2$ und legt dabei 262,5 m zurück.
3) Der Zug fährt 90 s lang mit konstanter Geschwindigkeit und legt dabei 1575 m zurück.
4) Die beiden Stationen sind 1942,5 m voneinander entfernt.

2.103 **1)** Siehe Abb. rechts!
2) Nach 30 s ist die Geschwindigkeit am größten.
3) Nach 60 s erreicht der Hubschrauber seinen höchsten Punkt.
4) 240 m

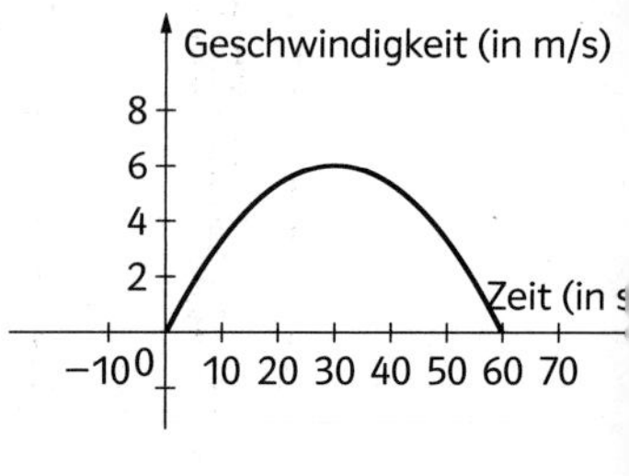

2.104 a) $w(0;\,c) = \int_0^c (t-c)^2\,dt = \ldots = \frac{c^3}{3}$ b) $w\left(0;\,\frac{1}{k}\right) = \int_0^{\frac{1}{k}} e^{kt}\,dt = \ldots = \frac{1}{k} \cdot (e-1)$

2.105 a) $w(0;\,2) = 4\,\text{m}$, $w(2;\,4) = 12\,\text{m}$, in der zweiten Hälfte
b) $w(0;\,4{,}5) \approx 6{,}36\,\text{m}$, $w(4{,}5;\,9) \approx 11{,}64\,\text{m}$, in der zweiten Hälfte
c) $w(2;\,2{,}5) \approx 2{,}54\,\text{m}$, $w(2{,}5;\,3) \approx 3{,}79\,\text{m}$, in der zweiten Hälfte

2.106 1) $v'(t) = a(t)$ = Beschleunigung zum Zeitpunkt t
2) $\int_{t_1}^{t_2} v(t)\,dt = s(t_2) - s(t_1)$ = Länge des im Zeitintervall $[t_1;\,t_2]$ zurückgelegten Weges
3) $\int_{t_1}^{t_2} a(t)\,dt = v(t_2) - v(t_1)$ = Geschwindigkeitsänderung im Zeitintervall $[t_1;\,t_2]$
4) $\int_{t_1}^{t_2} v'(t)\,dt = v(t_2) - v(t_1)$ = Geschwindigkeitsänderung im Zeitintervall $[t_1;\,t_2]$
5) $\int_{t_1}^{t_2} a'(t)\,dt = a(t_2) - a(t_1)$ = Beschleunigungsänderung im Zeitintervall $[t_1;\,t_2]$

2.107 $W(0;\,m) = \int_0^m F(x)\,dx = -\frac{k}{2}m^2 - \frac{a}{3}m^3$

2.108 1) Die Änderungsrate der Kraft nimmt auf den ersten 500 m ab und zwar immer langsamer. Auf den zweiten 500 m nimmt sie zu und zwar immer schneller. An der Stelle 500 m ist diese Änderungsrate gleich null.
2) Der Inhalt der grün unterlegten Fläche gibt die insgesamt geleistete Arbeit an.
3) $F(x) = m \cdot a(x) \Rightarrow a(x) = \frac{F(x)}{m} \Rightarrow a(500) = \frac{2500}{1000} = 2{,}5\,(\text{m/s}^2)$

2.109 1) Siehe Abb. rechts!
2) 2280 W/min
3) 1368 kJ

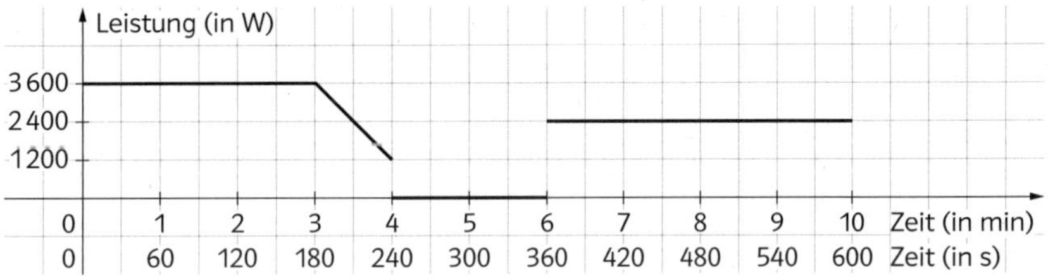

2.110

	trifft zu	trifft nicht zu
Um 12 Uhr und um 18 Uhr war das Becken leer.	☐	☒
Zweimal am Tag gab es weder Zu- noch Abfluss.	☒	☐
Um 6 Uhr war am meisten Wasser im Becken.	☐	☒
Von 12 Uhr bis 18 Uhr floss Wasser aus.	☒	☐
$\int_0^{24} v(t)\,dt$ gibt das Wasservolumen im Becken um 24 Uhr an.	☐	☒

2.111

	trifft zu	trifft nicht zu
Von 2 Uhr bis 5 Uhr blieb der Ölstand unverändert.	☐	☒
Der Ölstand nahm von 5 Uhr bis 7 Uhr ab.	☐	☒
Um 7 Uhr waren 50 000 Liter Öl im Tank.	☒	☐
$\int_0^2 v(t)\,dt = \int_5^7 v(t)\,dt$	☒	☐

2.112 **a)** … die Länge des im Zeitintervall [a; b] zurückgelegten Weges.
b) … die Geschwindigkeitsänderung im Zeitintervall [a; b].
c) … das Volumen des Gefäßes zwischen der Höhe a und der Höhe b.
d) … der Luftdruckunterschied im Höhenintervall [a; b].

2.113 **1)** Durch die Zunahme des Luftwiderstandes geht die gleichmäßig beschleunigte Bewegung nach einer gewissen Zeit in eine gleichförmige Bewegung über.
2) Geschwindigkeitsunterschied der beiden Körper zum Zeitpunkt $t = 15$.
3) Abstand der beiden Körper zum Zeitpunkt $t = 15$.
4) Nein, der Abstand der beiden Körper nimmt zu, weil die Körper für $t \geqslant 15$ gleichförmig mit unterschiedlichen Geschwindigkeiten fallen.

2.114 **1)** Wir zerlegen das Zeitintervall [a; b] in Teilintervalle der Länge Δt. Ist $I(t)$ die Stromstärke zum Zeitpunkt t und ΔQ die im Teilintervall $[t; t + \Delta t]$ durch den Leiterquerschnitt fließende Ladungsmenge, dann gilt:
1. Schritt: $\Delta Q \approx I(t) \cdot \Delta t$
2. Schritt: $Q \approx \sum I(t) \cdot \Delta t$
3. Schritt: Diese Näherung ist im Allgemeinen umso genauer, je kleiner Δt ist.
Für $\Delta t \to 0$ ergibt sich: $Q(a, b) = \int_a^b I(t)\,dt$

2) $Q\left(0, \frac{\pi}{2}\right) = \int_0^{\frac{\pi}{2}} I(t)\,dt = \ldots = 1$

3 Ergänzungen zur Integralrechnung

3.01 a) −171 b) −2 c) 1 d) 0

3.02 b < a: $\int_a^b c \cdot f = -\int_b^a c \cdot f = -c \cdot \int_b^a f = -c \cdot \left[-\int_a^b f\right] = c \cdot \int_a^b f$

3.03 b < a: $\int_a^b (f+g) = -\int_b^a (f+g) = -\left[\int_b^a f + \int_b^a g\right] = -\int_b^a f - \int_b^a g = \int_a^b f + \int_a^b g$

3.04 a) c < a < b: $\int_a^b f + \int_b^c f = \int_a^b f - \int_c^b f = \int_a^b f - \left[\int_c^a f + \int_a^b f\right] = -\int_c^a f = \int_a^c f$

b) b < a < c: $\int_a^b f + \int_b^c f = -\int_b^a f + \int_b^c f = -\int_b^a f + \left[\int_b^a f + \int_a^c f\right] = \int_a^c f$

c) a < c < b: $\int_a^b f + \int_b^c f = \int_a^b f - \int_c^b f = \left[\int_a^c f + \int_c^b f\right] - \int_c^b f = \int_a^c f$

d) a < b = c: $\int_a^b f + \int_b^c f = \int_a^c f + \int_c^c f = \int_a^c f + 0 = \int_a^c f$

3.05 1) Anschaulich: $I_a(x)$ ist gleich dem Inhalt der von f in [a; x] festgelegten Fläche. Dieser nimmt mit steigendem x stetig (ohne Sprünge) zu.

Formal: $\lim\limits_{z\to x} I_a(z) = \lim\limits_{z\to x} \int_a^z f = \lim\limits_{z\to x} \left[\int_a^x f + \int_x^z f\right] = \int_a^x f + \underbrace{\lim\limits_{z\to x} \int_x^z f}_{=0} = \int_a^x f = I_a(x)$

2) Anschaulich: Der Flächeninhalt wächst mit steigendem x.
Formal: Für alle $x_1, x_2 \in [a; b]$ gilt:

$x_1 < x_2 \Rightarrow I_a(x_2) - I_a(x_1) = \int_a^{x_2} f - \int_a^{x_1} f = \int_{x_1}^{x_2} f > 0 \Rightarrow I_a(x_1) < I_a(x_2)$

3.06 a) $\frac{x^4}{4} - \frac{x^2}{2} + x + c$ c) $\frac{2}{3}x\sqrt{x} + c$ e) $-\frac{1}{2x^2} + c$ f) $-\frac{1}{5x^5} + c$

b) $\frac{x^3}{3} - x^2 + x + c$ d) $-\frac{1}{\omega}\cos(\omega t) + c$ f) $\frac{3}{5} \cdot x \cdot \sqrt[3]{x^2} + c$ h) $\sin(2x) + c$

3.07 a) $a \cdot \frac{u^3}{3} + b \cdot u + c$ b) $\frac{a^2}{2} \cdot u^2 + b \cdot a + c$ c) $a \cdot u^2 \cdot b + \frac{b^2}{2} + c$

3.08 a) $I(x) = \frac{3}{2}x^2 + c;\ I'(x) = 3x = f(x)$

b) $I(x) = x^2 + x + c;\ I'(x) = 2x + 1 = f(x)$

c) $I(x) = \frac{x^3}{3} - \frac{x^2}{2} + x + c;\ I'(x) = x^2 - x + 1 = f(x)$

d) $I(x) = 2x + c;\ I'(x) = 2 = f(x)$

e) $I(x) = -\frac{x^4}{4} + x + c;\ I'(x) = -x^3 + 1 = f(x)$

f) $I(x) = -\frac{10}{3}x\sqrt{x} - 2x + c;\ I'(x) = -5\sqrt{x} - 2 = f(x)$

g) $I(x) = 3 \cdot \ln x + c;\ I'(x) = \frac{3}{x} = f(x)$

h) $I(x) = \frac{x^2}{2} + \frac{2^x}{\ln 2} + c;\ I'(x) = x + 2^x = f(x)$

3.10 a) $\frac{5}{3} \cdot \ln\frac{5}{2} \approx 1{,}53$ b) $\frac{1}{2}$

3.11 a) $\frac{112}{9}$ c) $\frac{3}{8}[(2a+1) \cdot \sqrt[3]{2a+1} - 1]$

b) $\frac{2}{3a}[(a^2+b)\sqrt{a^2+b} - b\sqrt{b}]$

3.12 a) $\frac{1}{5} \cdot (e^6 - e) \approx 80{,}14$ c) $\frac{1}{2}$

b) $\frac{3}{4 \cdot \ln 2} \approx 1{,}08$ d) $2 \cdot \left[\sin\frac{b+1}{2} - \sin\frac{a+1}{2}\right]$

3.13 $\cos(t+t) = \cos t \cdot \cos t - \sin t \cdot \sin t \Rightarrow$

$\Rightarrow \cos(2t) = \underbrace{\cos^2 t}_{=1-\sin^2 t} - \sin^2 t = 1 - 2 \cdot \sin^2 t \Rightarrow \sin^2 t = \frac{1-\cos(2t)}{2}$

3.14 a) $\frac{49}{3}$ c) $\frac{1}{27} \cdot (40 \cdot \sqrt{40} - 13 \cdot \sqrt{13}) \approx 7{,}63$

b) $\frac{14}{3}$ d) $\frac{1}{4} \cdot (e^2 + 1) \approx 2{,}10$

3.15 a) 39; 168; 63 b) 26; 112; 62

3.16 a) $A = 56 + 8 \cdot \ln 3 \approx 64{,}79$; $u = \frac{146}{3}$

b) $A = 12 + 2 \cdot \ln 3 \approx 14{,}20$; $u = \frac{70}{3}$

c) $A = \frac{81}{4} + 8 \cdot \ln 2 \approx 25{,}80$; $u = 31$

3.17 $a \cdot (e^{\frac{b}{a}} - e^{-\frac{b}{a}})$

3.18 a) $\frac{2e^3+1}{9} \approx 4{,}57$ b) 1 c) $\frac{1}{2}$ d) −2 e) $\frac{\pi}{4}$

3.19 a) $e - 2 \approx 0{,}72$ b) $\frac{1}{e} \approx 0{,}37$

3.20 Siehe Seite 51!

3.21 Siehe Seite 52!

3.22 Siehe Seite 51!

3.23 Siehe Seite 52!

3.24

	richtig	falsch
Ein bestimmtes Integral ist eine eindeutig bestimmte Funktion.	☐	☒
Ein bestimmtes Integral ist eine eindeutig bestimmte Zahl.	☒	☐
Ein unbestimmtes Integral ist eine eindeutig bestimmte Funktion.	☐	☒
Ein unbestimmtes Integral ist eine eindeutig bestimmte Zahl.	☐	☒

3.25 a) $f(x) = \frac{x}{2} + 2$

$I_2(x) = \frac{x^2}{4} + 2x - 5$

$I_2(5) = 11{,}25$

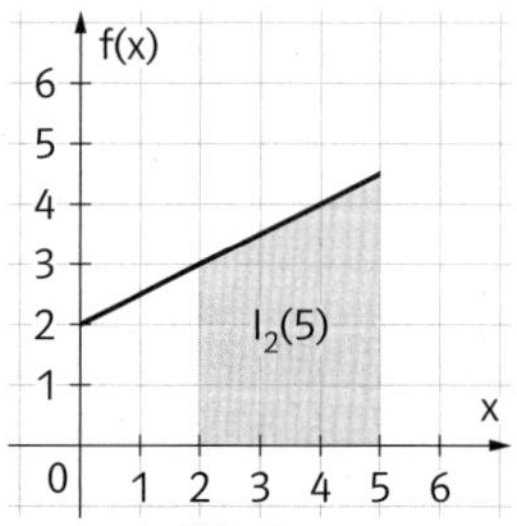

b) $f(x) = 5$

$I_2(x) = 5x - 10$

$I_2(5) = 15$

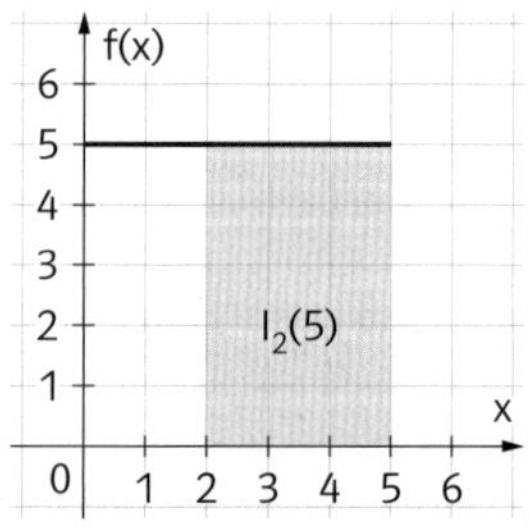

c) $f(x) = -\frac{x}{2} + 5$

$I_2(x) = -\frac{x^2}{4} + 5x - 9$

$I_2(5) = 9{,}75$

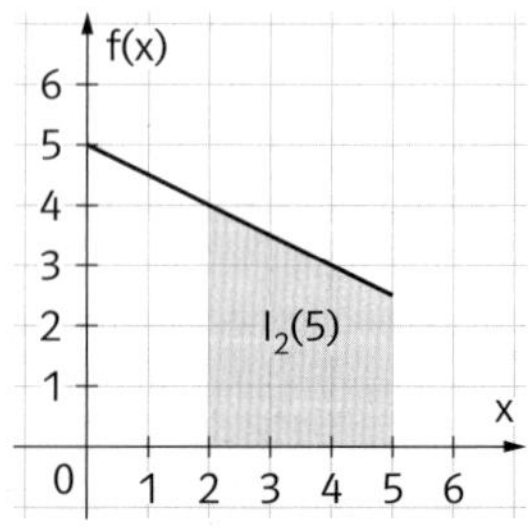

3.26 $F(2) = 18$

3.27 a) $F(x) = \frac{x^3}{6} + 6$ b) $F(x) = -\frac{1}{2} \cdot \cos(2x) + \frac{3}{2}$ c) $F(x) = -e^{-x} + 1$

3.28 a) $f(x) = 3x^2$ b) $f(x) = -\sin x$ c) $f(x) = e^{2x}$

3.29 a) $I(x) = 1 - \sin x - \cos x$,

$H = \left(\frac{5\pi}{4} \middle| 1 + \sqrt{2}\right)$, $T = \left(\frac{\pi}{4} \middle| 1 - \sqrt{2}\right)$, $W_1 = \left(\frac{3\pi}{4} \middle| 1\right)$, $W_2 = \left(\frac{7\pi}{4} \middle| 1\right)$

b) $I(x) = \frac{x^3}{3} - \frac{x^2}{2} - 2x + \frac{13}{6}$,

$H = \left(-1 \middle| \frac{10}{3}\right)$, $T = \left(2 \middle| -\frac{7}{6}\right)$, $W = \left(0{,}5 \middle| \frac{13}{12}\right)$

4 Anwendungen in der Wirtschaft

4.02 1)

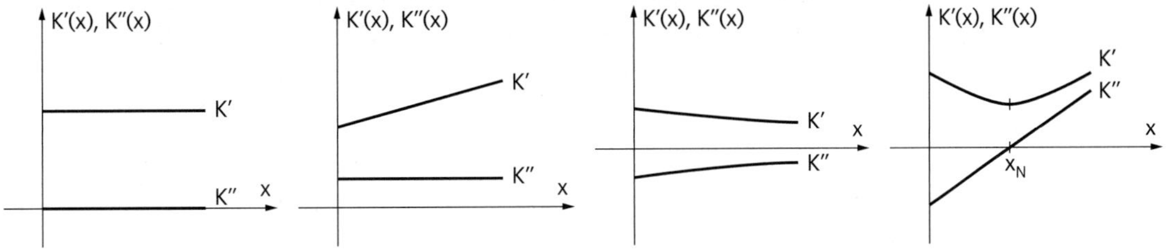

linearer Kostenverlauf | progressiver Kostenverlauf bei quadratischer Kostenfunktion | degressiver Kostenverlauf | „S-förmiger" Kostenverlauf bei kubischer Kostenfunktion

2) **Gründe für einen progressiven Kostenverlauf:**
Durch Überstunden können Personalkosten mit dem Output überproportional wachsen. Ebenso können durch intensive Auslastung, Überbeanspruchung und höhere Abnutzung von Produktionsanlagen *Energie-*, *Entsorgungs-*, *Umwelt-* und *Instandhaltungskosten* mit dem Output überproportional zunehmen.
Gründe für einen degressiven Kostenverlauf:
Rationellere Produktionsweisen und *günstigere Konditionen* (Mengenrabatte) beim Einkauf können bei der Ausweitung einer Produktion zu einem unterproportionalen Kostenzuwachs führen.
Gründe für einen „S-förmigen" Kostenverlauf:
Dieser Kostenverlaufstyp liegt vor, wenn zwar bei geringem Output Gründe für einen degressiven Kostenverlauf gegeben sind, sich jedoch ab einer gewissen Produktionsmenge (Kostenkehre) aufgrund auftretender ungünstiger Umstände ein progressiver Kostenverlauf durchsetzt.

3) Regressive Verläufe von Produktionskosten sind praktisch ausgeschlossen, weil i. A. jede zusätzlich produzierte Mengeneinheit die Kosten einer Produktion erhöht. Daher sind Produktionskostenfunktionen i. A. streng monoton steigend und damit nicht regressiv.
Beispiele für (nicht produktionsbezogene) regressive Kostenfunktionen: Die Heizkosten in einem Kinosaal fallen mit dem Grad der Auslastung. Die Kühlenergiekosten einer offenen Tiefkühltruhe nehmen mit dem Füllungsgrad ab.

4.03

	richtig	falsch
K ist eine quadratische Kostenfunktion.	☐	☒
Die Kosten steigen im Intervall [3; 6] überproportional an.	☐	☒
Die Kostenkehre liegt bei einer Produktionsmenge von ca. 8 ME.	☒	☐
Bei einem Output von 8 ME kostet eine ME im Mittel mehr als 150 GE.	☐	☒
Bei einer Produktionsteigerung von 2 auf 8 ME beträgt der durchschnittliche Kostenanstieg ca. 100 GE pro zusätzlich produzierter Mengeneinheit.	☒	☐
Die Grenzkosten bei einer Produktion von 2 ME betragen ca. 20 GE/ME.	☐	☒
Die Fixkosten liegen nicht über 175 GE.	☐	☒
Die Grenzkostenfunktion ist in [0; 10] streng monoton steigend.	☐	☒

4.04 1) ca. 90 GE

2) *DatTech* soll den Auftrag nicht annehmen.
Begründung: Eine Erhöhung der Produktionsmenge um 1 ME verursacht eine ungefähre Kostensteigerung um K′(25) = 90 GE. Der Abnehmer zahlt aber für diese zusätzlich produzierte M nur 70 GE. Daher lohnt sich die Annahme des Auftrags nicht.

4.05 1) 100 GE

2) $K'(x) = 3x^2 - 24x + 60 = 3 \cdot (x^2 - 8x + 20) = 3 \cdot (x^2 - 8x + 16) + 12 = (x-4)^2 + 12$
$K'(x) > 0$ für $x \in [0; 12] \Rightarrow$ K ist streng monoton steigend in [0; 12].

3) durchschnittlicher Kostenanstieg pro zusätzlich produzierter Mengeneinheit im Intervall [0; 4] = 28 GE/ME
durchschnittlicher Kostenanstieg pro zusätzlich produzierter Mengeneinheit im Intervall [8; 12] = 124 GE/ME
Im Intervall [8; 12] verursacht jede Produktionsteigerung um 1 ME durchschnittlich einen mehr als 4-mal so hohen Kostenzuwachs wie im Intervall [0; 4].

4) Für x > 4 steigen die Kosten progressiv.

5) Für x = 4 hat man die kleinsten Grenzkosten.

6) Eine Erhöhung der Fixkosten um 10 % hat keinen Einfluss auf die Grenzkosten.

4.06
a) „S-förmiger Kostenverlauf"; $K(x) = 0{,}05x^3 - x^2 + 30x + 600$
b) progressiver Kostenverlauf; $K(x) = 0{,}005x^2 + 10x + 2\,000$
c) linearer Kostenverlauf; $K(x) = 0{,}5x + 9\,950$
d) degressiver Kostenverlauf; $K(x) = -0{,}01x^2 + 45x + 500$

4.07 1) $\int_{50}^{200} K'(x)\,dx$

2) Zunahme der Kosten bei Ausweitung der Produktion von 50 ME auf 200 ME

4.08 1)

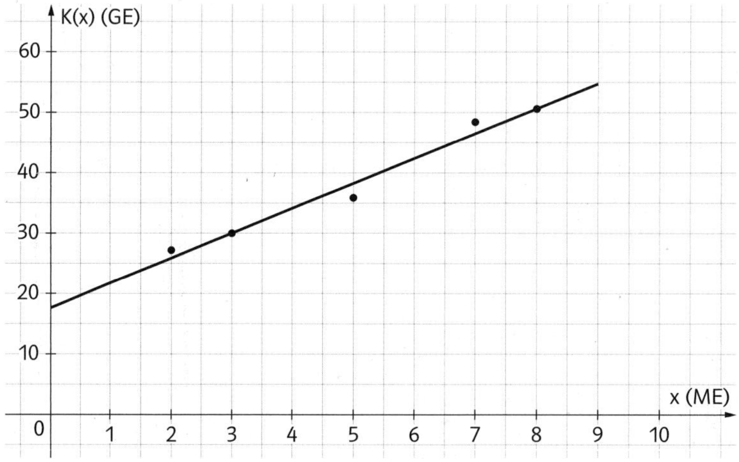

2) ungefähre Höhe der Fixkosten = 18 GE,
ungefährer Kostenzuwachs, mit dem der Hersteller bei einer Ausweitung der Produktion um jeweils eine Mengeneinheit rechnen muss = 4 GE

4.09

linear	progressiv	degressiv	S-förmig
☐	☐	☐	☒

4.11 1) langfristige Preisuntergrenze: ca. 39,29 GE/ME 2) ca. 7 ME

4.12 **a)** $\overline{K}(x) = 0{,}0001x^2 - 0{,}03x + 100 + \frac{170\,000}{x}$

$\overline{K}'(x) = 0{,}0002x - 0{,}03 - \frac{170\,000}{x^2}$; $\overline{K}''(x) = 0{,}0002 + \frac{340\,000}{x^3}$

$\overline{K}'(x) = 0 \Leftrightarrow x = 1000$

Wegen $\overline{K}'(1000) = 0 \wedge \overline{K}''(1000) > 0$ ist 1000 lokale Minimumstelle von $\overline{K}$.

In $]0; \infty[$ ist 1000 auch globale Minimumstelle von $\overline{K}$. $\Rightarrow x_{opt} = 1000$ (ME)

langfristige Preisuntergrenze $= \overline{K}(1000) = 340$ GE/ME

b) $\overline{K}(x) = 3x + 50 + \frac{2700}{x}$; $\overline{K}'(x) = 3 - \frac{2700}{x^2}$; $\overline{K}''(x) = \frac{5400}{x^3}$

$\overline{K}'(x) = 0 \Leftrightarrow x = \pm 30$

Wegen $\overline{K}'(30) = 0$ und $\overline{K}''(30) > 0$ ist 30 lokale Minimumstelle von $\overline{K}$.

In $]0; \infty[$ ist 30 auch globale Minimumstelle von $\overline{K}$. $\Rightarrow x_{opt} = 30$ (ME)

langfristige Preisuntergrenze $= \overline{K}(30) = 230$ GE/ME

4.13 $\overline{K}(x) = 0{,}001x^2 - 0{,}2x + 180 + \frac{36\,000}{x}$

$\overline{K}'(x) = 0{,}002x - 0{,}2 - \frac{36\,000}{x^2}$; $\overline{K}''(x) = 0{,}002 + \frac{72\,000}{x^3}$

$\overline{K}'(x) = 0 \Leftrightarrow x = 300$ (Computer!)

Wegen $\overline{K}'(300) = 0$ und $\overline{K}''(300) > 0$ ist 300 lokale Minimumstelle von $\overline{K}$.

In $]0; \infty[$ ist 300 auch globale Minimumstelle von $\overline{K}$. $\Rightarrow x_{opt} = 300$(ME)

$\Rightarrow$ Die Stückkosten sind für die Produktionsmenge 300 ME minimal.

4.14 **1)** $K(x) = 20x + 250 \quad (0 \leq x \leq 50)$

$\overline{K}(x) = 20 + \frac{250}{x} \quad (0 < x \leq 50)$

2)

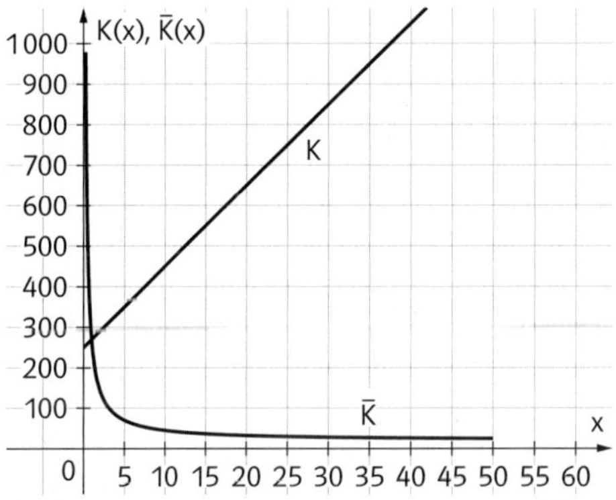

3) Nein! Für $x > 0$ gilt stets: $\overline{K}(x) = 20 + \frac{250}{x} > 20$

4) Betriebsoptimum $x_{opt} = 50$ ME mit den kleinsten Stückkosten 25 GE/ME

4.15 Kostenfunktion: $K(x) = k \cdot x + K_f \quad (0 \leq x \leq x_0$ und $k > 0)$

Stückkostenfunktion: $\overline{K}(x) = k + \frac{K_f}{x} \quad (0 < x \leq x_0)$

Wegen $K_f > 0$ gilt für alle $x \in]0; x_0]$: $\overline{K}'(x) = -\frac{K_f}{x^2} < 0$

Damit ist $\overline{K}$ in $]0; x_0]$ streng monoton fallend. Die Stückkostenfunktion nimmt daher ihr Minimum an der Kapazitätsgrenze x_0 an.

$\Rightarrow$ Betriebsoptimum $x_{opt} = x_0$

4.16 **1)** $\overline{K}(x) = \frac{K(x)}{x}$ = Steigung des „Fahrstrahls" OP

2) Beim Betriebsoptimum x_{opt} gilt: $\overline{K}(x_{opt}) = K'(x_{opt})$

Die Steigung des „Fahrstrahls" vom Ursprung O aus zum Punkt $P = (x_{opt} \mid K(x_{opt}))$ ist nach **1)** gleich $\frac{K(x_{opt})}{x_{opt}} = \overline{K}(x_{opt}) = K'(x_{opt})$. Somit stimmt der „Fahrstrahl" mit der Tangente im Punkt P an den Graphen der Kostenfunktion K überein. Daher geht diese Tangente durch den Ursprung.

4.18 a) Gewinnzone =]900; 7500[; maximaler Gewinn = 20702,5 (GE)
b) Gewinnzone =]400; 1000]; maximaler Gewinn = 5250 (GE)
c) Gewinnzone =]70; 270[; maximaler Gewinn ≈ 8516 (GE)

4.19 1) Bedeutung von 2: Bei Steigerung der Produktion um 1 ME erhöhen sich die Gesamtkosten jeweils um 2 GE. Bedeutung von 5000: Die Fixkosten der Produktion betragen 5000 GE.
2) Sei p der Produktpreis in GE/ME, dann erhält man: Erlös $E(x) = p \cdot x$ und Gewinn $G(x) = p \cdot x - 2 \cdot x - 5000 = (p - 2)x - 5000$
Für $p \leq 2$ wäre der Gewinn stets negativ. Daher kann nur gewinnbringend produziert werden, wenn der Produktpreis mehr als 2 GE/ME beträgt.
3) a) 1400 GE b) aktueller Sicherheitsgrad ca. 22 %

4.20

	trifft zu
K ist progressiv.	☒
Die Gewinngrenzen sind 0 und 8 ME.	☐
Die Grenzkosten sind irgendwo zwischen 4 ME und 5 ME maximal.	☐
Der Inhalt der grün unterlegten Fläche gibt den Gewinn bei der Produktion von 4 ME an.	☐
Die Länge der Strecke AB gibt den Gewinn bei der Produktion von 4 ME an.	☒

4.21 a) 1000 b) 800
c) $800 \cdot x$ d) 4000
e) 2 ME bis 20 ME f) 13
g) 4,3

4.22 a) a … Gewinn bei Produktion von 5 ME
b … Graph der variablen Kostenfunktion
c … Break-even-Point (BEP 2)
d … Fixkosten
e … Gewinnzone
b) Siehe Abbildung!

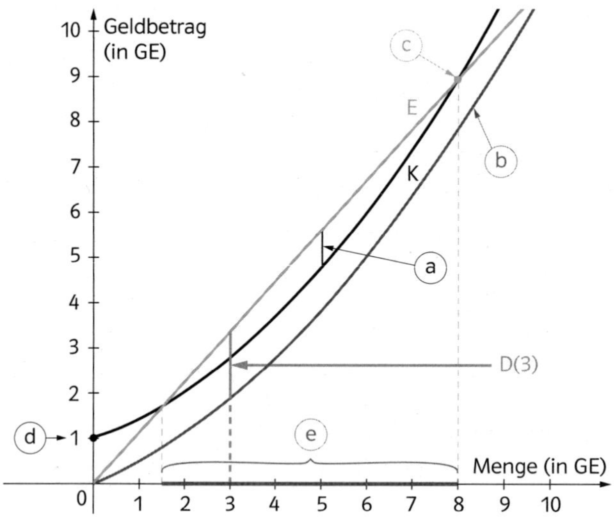

4.25 a) $p(x) = -0{,}25 \cdot x + 150$; Der größte Erlös wird erzielt bei einer Produktionsmenge von 300 ME.
b) $p(x) = -0{,}05 \cdot x + 25$; Der größte Erlös wird erzielt bei einer Produktionsmenge von 250 ME.

4.26 1) Höchstpreis = 7 (GE/ME); Sättigungsmenge = 8 (ME)

2) Beim Verkaufspreis 4 (GE/ME) beträgt die Nachfrage 2 (ME) und der Erlös 8 (GE).

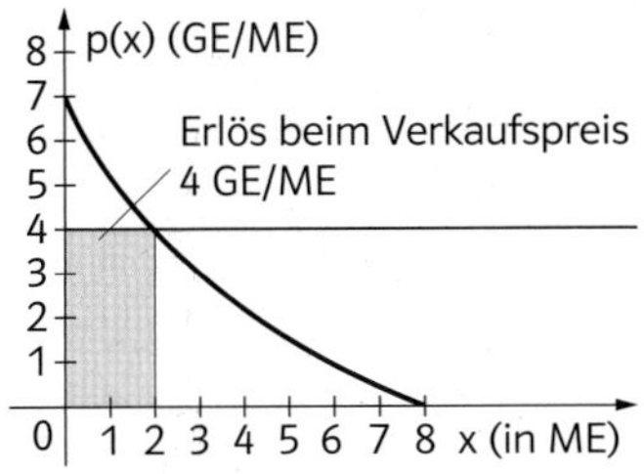

4.27 Gewinnbereich: untere Gewinngrenze ≈ 2606 (ME), obere Gewinngrenze ≈ 61394 (ME)
x_c = 32000 (ME); p_c = 10 (ME/GE); Cournot'scher Punkt C = (32000 | 10)
maximal erzielbarer Gewinn = 216000 (GE)

4.28 1) $K(x) = 0{,}025 \cdot x^2 + 60x + 8000$

2) x_c = 1500 (ME); p_c = 202,5 (ME/GE); Cournot'scher Punkt C = (1500 | 202,5)
maximal erzielbarer Gewinn = 149500 (GE)

4.29 a) 15 ME

b) $t(15) = \frac{E(15)}{15} \approx \frac{11500}{15} \approx 767$ (GE)

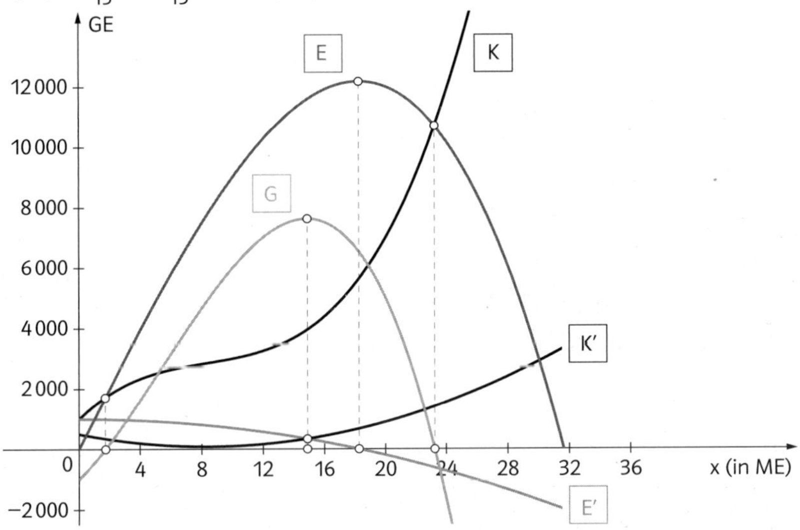

4.32 Die Gesamtkosten K einer Produktion setzen sich zusammen aus den (vom Output unabhängigen) fixen Kosten und den (vom Output abhängigen) variablen Kosten.
Gesamtkosten K(x) = variable Kosten $K_v(x)$ + Fixkosten K_f

4.33 Kostenfunktionen K geben an, wie die Gesamtkosten K(x) einer Produktion von der Produktionsmenge (dem Output) x abhängen. Typische Verläufe von Kostenfunktionen und deren Erläuterung siehe Seite 63!

4.34 Bei **degressivem** Kostenzuwachs steigen die Kosten mit zunehmendem Output so, dass jede zusätzlich produzierte Mengeneinheit billiger produziert werden kann als die vorangegangene.
Bei **progressivem** Kostenzuwachs steigen die Kosten mit zunehmendem Output so, dass jede zusätzlich produzierte Mengeneinheit einen höheren Kostenzuwachs verursacht als die vorangegangene.
Die Wendestelle einer Kostenfunktion – wenn vorhanden – nennt man **Kostenkehre**. Bei der Kostenkehre geht die Kostenfunktion von einem degressiven in einen progressiven Verlauf über.
Siehe letzte Abbildung auf Seite 63!

4.35 Die Grenzkosten K′(x) sind die Ableitung der Kostenfunktion K an der Stelle x. Die Grenzkosten K′(x) bei der Produktionsmenge x geben näherungsweise an, wie sich die Kosten ändern, wenn die Produktion um 1 ME gesteigert wird.

4.36 Die Funktion $\overline{\mathbf{K}}$ mit $\overline{\mathbf{K}} = \frac{\mathbf{K(x)}}{\mathbf{x}}$ (x ≠ 0) heißt **Stückkostenfunktion** zur Kostenfunktion K.
K(x) gibt an, wie hoch die durchschnittlichen Produktionskosten für 1 ME sind, wenn insgesamt x ME hergestellt werden.
Das Betriebsoptimum zur Kostenfunktion K ist jene Produktionsmenge, für die die Stückkostenfunktion $\overline{K}$ minimal ist. Im **Betriebsoptimum** x_{opt} gilt:
Stückkosten $\overline{K}(x_{opt})$ **= Grenzkosten** $K'(x_{opt})$

4.37 Bei vollständiger Marktkonkurrenz gibt es für ein Produkt sehr viele unabhängige, gleichwertige Anbieter, für die der Produktpreis eine vorgegebene Konstante darstellt. Demgegenüber ist ein Monopolist der einzige Anbieter eines Produktes, für welches er zwar grundsätzlich jeden beliebig hohen Preis verlangen kann, gleichzeitig aber damit rechnen muss, dass bei steigendem Preis die Nachfrage sinkt.

4.38
- Erlös = Verkaufspreis mal verkaufte Menge — E(x) = p(x) · x
- Gewinn = Erlös minus Kosten — G(x) = E(x) – K(x)

Die Grenzen jenes Produktionsbereichs, zwischen denen der Gewinn positiv ist, nennt man Gewinngrenzen oder Break-even-Mengen.
Der Grenzerlös E′(x) ist die Ableitung der Erlösfunktion E an der Stelle x. Der Grenzerlös E′(x) bei der Produktionsmenge x gibt näherungsweise an, wie sich der Erlös ändert, wenn Produktion und Absat um 1 ME gesteigert werden.

4.39 Eine Funktion x ↦ p(x), die jeder Warenmenge x genau jenen Preis p(x) zuordnet, zu dem diese Warenmenge x am Markt nachgefragt wird, heißt Nachfragefunktion.
Typischer Verlauf von Nachfragefunktionen:
Nachfragefunktionen sind i. A. streng monoton fallend.

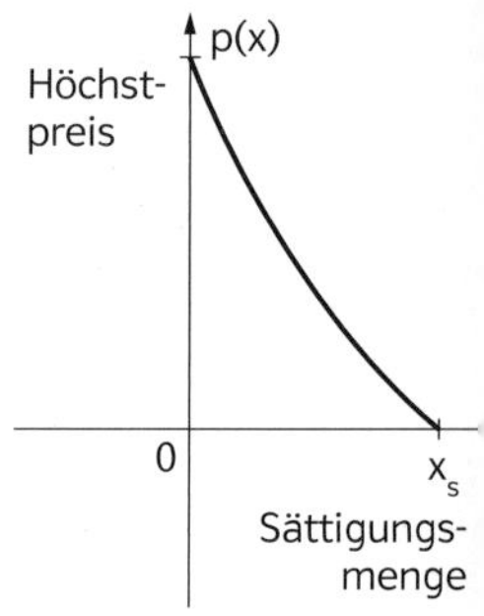

4.40 Die gewinnmaximale Produktionsmenge eines Monopolisten heißt Cournot'sche Menge. Produziert ein Monopolist die Cournot'sche Menge x_c, dann stimmt der Grenzerlös $E'(x_c)$ mit den Grenzkosten $K'(x_c)$ überein.

4.41 1)

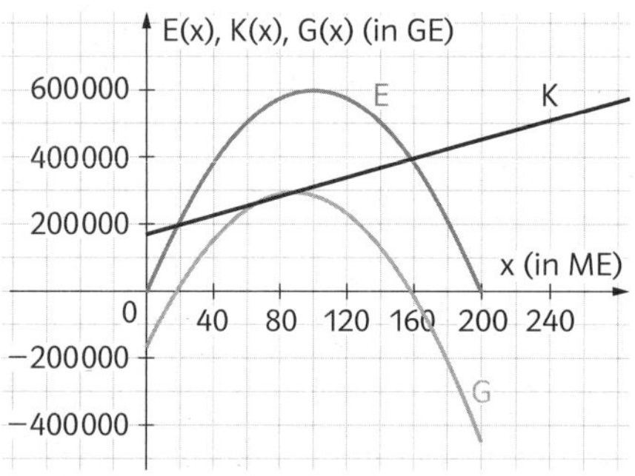

2) Für Produktionsmengen x zwischen ca. 20 ME und ca. 160 ME ist der Gewinn positiv.
3) Das Erlösmaximum liegt bei 100 ME, das Gewinnmaximum bei ca. 90 GE.
4) Der Preis muss zwischen 0 GE/ME und 10 000 GE/ME gewählt werden.
5) Die Sättigungsmenge beträgt 200 ME.

5 Die Normalverteilung

Die folgenden Ergebnisse wurden mit Hilfe der im Buch angegebenen Tabellen berechnet. Infolge von Rundungen in den Tabellen und in den Rechnungen stellen die Ergebnisse nur Näherungswerte dar. Falls eine Software verwendet wird, können die Ergebnisse ebenfalls geringfügig abweichen.

5.03

Werte a_i der Augensumme	2	3	4	5	6	7	8	9	10	11	12
Wahrscheinlichkeit $P(a_i)$	$\frac{1}{36}$	$\frac{2}{36}$	$\frac{3}{36}$	$\frac{4}{36}$	$\frac{5}{36}$	$\frac{6}{36}$	$\frac{5}{36}$	$\frac{4}{36}$	$\frac{3}{36}$	$\frac{2}{36}$	$\frac{1}{36}$
Verteilungswerte $F(a_i)$	$\frac{1}{36}$	$\frac{3}{36}$	$\frac{6}{36}$	$\frac{10}{36}$	$\frac{15}{36}$	$\frac{21}{36}$	$\frac{26}{36}$	$\frac{30}{36}$	$\frac{33}{36}$	$\frac{35}{36}$	$\frac{36}{36}$

5.04 a) $F(x)$ b) $1 - F(x)$ c) $F(b) - F(a)$ d) $1 - F(b) + F(a)$

5.06

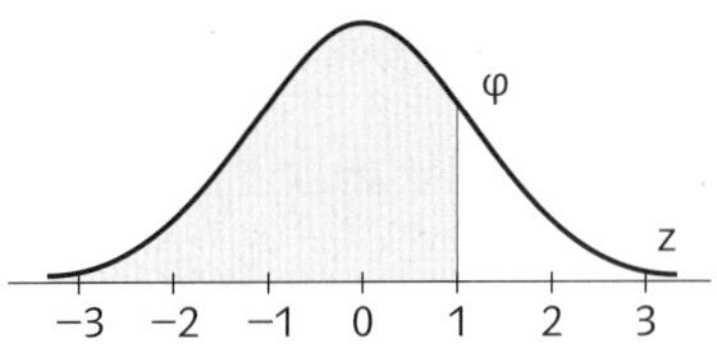

$P(X \leq \mu + \sigma)$

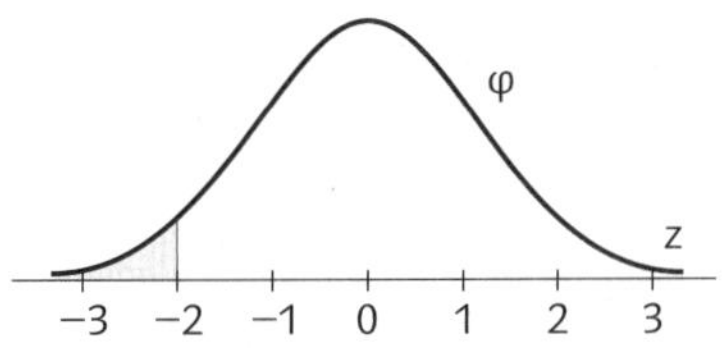

$P(X \leq \mu - 2\sigma)$

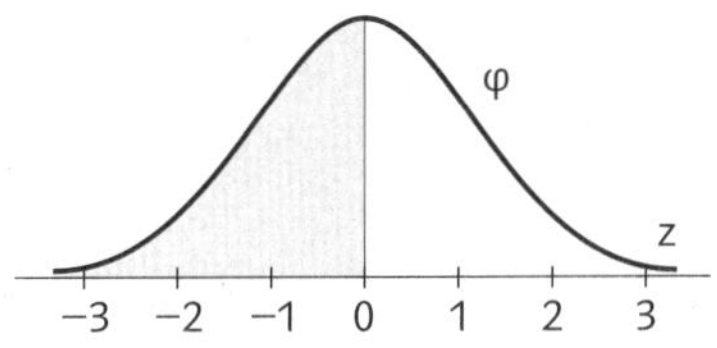

$P(X \leq \mu)$

5.07

	trifft zu	trifft nicht zu
$P(X \geq 5) < 0{,}5$	☐	☒
$P(X \leq 6) \neq 0{,}5$	☐	☒
$P(X \leq 8) > 0{,}5$	☒	☐
$P(\mu - \sigma \leq X \leq \mu + \sigma) = 1$	☐	☒
$P(X > 8) = P(X < 4)$	☒	☐
$P(X \leq 5) = P(X > 6)$	☐	☒

5.08 a) ZB: $a = 60,\ b = 63$
b) ZB: $a = 60,\ b = 65$
c) ZB: $a = 60,\ b = 55$

5.09 a) $P(X \leq \mu + 2 \cdot \sigma) \approx 0{,}9772$
b) $P(X \leq \mu - \sigma) \approx 0{,}1587$
c) $P(X \leq \mu + \sigma) \approx 0{,}8413$
d) $P(X \leq \mu - 0{,}5 \cdot \sigma) \approx 0{,}3085$

5.10 a) $P(X \leq 3) \approx 0{,}1056$
b) $P(X \leq 5) = 0{,}5$
c) $P(X \leq 5{,}5) \approx 0{,}6217$
d) $P(X \leq 7{,}5) \approx 0{,}9406$

5.11 a) $P(X \leq 2) \approx 0$
b) $P(X \leq 4{,}8) \approx 0{,}0047$
c) $P(X \leq 10{,}9) \approx 0{,}6736$
d) $P(X \leq 13{,}1) \approx 0{,}9394$

5.12 a) $P(X \leq 100) \approx 0{,}0808$
b) $P(X \leq 120) \approx 0{,}2743$
c) $P(X \leq 150) \approx 0{,}7257$
d) $P(X \leq 180) \approx 0{,}9641$

5.13 ca. 0,0228

5.14

$$f(x) = \frac{1}{\sqrt{2\pi}\sigma} \cdot e^{-\frac{1}{2} \cdot \left(\frac{x-\mu}{\sigma}\right)^2}$$

$$f'(x) = -\frac{1}{\sqrt{2\pi} \cdot \sigma^3} \cdot (x - \mu) \cdot e^{-\frac{1}{2} \cdot \left(\frac{x-\mu}{\sigma}\right)^2}$$

$$f''(x) = -\frac{1}{\sqrt{2\pi} \cdot \sigma^5} \cdot e^{-\frac{1}{2} \cdot \left(\frac{x-\mu}{\sigma}\right)^2} \cdot [\sigma^2 - (x - \mu)^2]$$

Wegen $e^{-\frac{1}{2}\cdot\left(\frac{x-\mu}{\sigma}\right)^2} > 0$ folgt:

a) $x < \mu \Rightarrow f'(x) > 0 \Rightarrow$ f streng monoton steigend in $]-\infty; \mu]$
$x > \mu \Rightarrow f'(x) < 0 \Rightarrow$ f streng monoton fallend in $[\mu; \infty[$

b) Aus **a)** folgt: μ ist globale Maximumstelle von f

c) $x < \mu - \sigma \lor x > \mu + \sigma \Rightarrow f''(x) > 0 \Rightarrow$ f linksgekrümmt in $]-\infty; \mu - \sigma]$ und in $[\mu + \sigma; \infty[$
$\mu - \sigma < x < \mu + \sigma \Rightarrow f''(x) < 0 \Rightarrow$ f rechtsgekrümmt in $[\mu - \sigma; \mu + \sigma]$

d) Aus **c)** folgt: $\mu - \sigma$ und $\mu + \sigma$ sind Wendestellen von f.

e) $f(x) > 0$ für alle $x \in \mathbb{R}$. Somit besitzt f keine Nullstelle.

5.15 **1)** $P(X \leq \mu + z \cdot \sigma)$ gibt die Wahrscheinlichkeit an, dass der Minendurchmesser
- höchstens z σ-Einheiten über μ liegt, wenn $z \geq 0$ ist,
- mindestens $|z|$ σ-Einheiten unter μ liegt, wenn $z < 0$ ist.

$P(X \leq c)$ gibt die Wahrscheinlichkeit an, dass der Minendurchmesser kleiner oder gleich c ist.

2) $P(X \leq \mu + z \cdot \sigma) = \Phi(z)$. Diese Wahrscheinlichkeit hängt nicht von μ und σ ab und ändert sich dah nicht.
$P(X \leq c) = \Phi\left(\frac{c-\mu}{\sigma}\right)$. Diese Wahrscheinlichkeit hängt von μ und σ ab und kann sich daher ändern.

5.17 **a)** $P(S \leq 19) \approx 0{,}2033$ **b)** $P(S \geq 22) \approx 0{,}0475$ **c)** $P(S = 20) = 0$ **d)** $P(18 \leq S \leq 21) \approx 0{,}7492$ **e)** $P(19{,}5 \leq S \leq 20{,}2) \approx 0{,}2303$ **f)** $P(19{,}5 \leq S \leq 20) \approx 0{,}1628$

5.18 **a)** ca. 0,3707 **b)** ca. 0,3085 **c)** ca. 0,2967

5.19 **a)** ca. 0,3446 **b)** ca. 0,3446 **c)** ca. 0,3413 **d)** ca. 0,1815

5.20 **a)** ca. 0,9890 **b)** ca. 0,8643 **c)** ca. 0,8533

5.21 **a)** ca. 0,7821 **b)** ca. 0,1401 **c)** ca. 0,0778

5.22 **a)** ca. 0,0869 **b)** ca. 0,3264 **c)** ca. 0,6620

5.23 **a)** ca. 0,8413 **b)** ca. 0,6915 **c)** ca. 0,8664

5.24 ca. 2,28 %

5.27 **a)** $P(\mu - 1{,}5 \cdot \sigma \leq X \leq \mu + 1{,}5 \cdot \sigma) \approx 0{,}8664$ **b)** $P(\mu - 2{,}5 \cdot \sigma \leq X \leq \mu + 2{,}5 \cdot \sigma) \approx 0{,}9876$ **c)** $P(\mu - 0{,}8 \cdot \sigma \leq X \leq \mu + 0{,}8 \cdot \sigma) \approx 0{,}5762$ **d)** $P(\mu - 1{,}4 \cdot \sigma \leq X \leq \mu + 1{,}4 \cdot \sigma) \approx 0{,}8384$

5.28 **a)** $P(|X - \mu| \leq 0{,}5 \cdot \sigma) \approx 0{,}3830$ **b)** $P(|X - \mu| \leq 0{,}3 \cdot \sigma) \approx 0{,}2358$

5.29 **a)** $P(D \in [3{,}0; 5{,}0]) \approx 1$ **b)** $P(D \in [3{,}7; 4{,}3]) \approx 0{,}8664$ **c)** $P(|D - \mu| \leq 0{,}1) \approx 0{,}3830$ **d)** $P(|D - \mu| \leq 0{,}2) \approx 0{,}6826$ **e)** $P(|D - \mu| \leq 0{,}5) \approx 0{,}9876$ **f)** $P(|D - \mu| \leq 0{,}25) \approx 0{,}7888$

5.30 **a)** $P(16 \leq M \leq 24) \approx 1$ **b)** $P(17 \leq M \leq 23) \approx 0{,}9876$ **c)** $P(18 \leq M \leq 22) \approx 0{,}9050$ **d)** $P(19 \leq M \leq 21) \approx 0{,}5934$

5.31 ca. 7888 Waffeln

5.32 **1)** ca. 0,38 % **2)** ca. 0,38 % **3)** ca. 99,24 %

5.33 **1)** ca. 133 Personen **2)** ca. 133 Personen **3)** ca. 470 Personen **4)** ca. 30 Personen

5.34 **1)** ca. 1,24 % **2)** ca. 2,41 %

5.36 **a)** $c \approx 22{,}45$ **b)** $c \approx 27{,}20$ **c)** $c \approx 31{,}25$ **d)** $c \approx 33{,}85$ **e)** $c \approx 28{,}19$ **f)** $c \approx 25{,}95$ **g)** $c \approx 23{,}21$ **h)** $c \approx 22{,}19$

5.37 **1)** ca, 3,22 % **2)** ca. 147 cm **3)** ca. 169 cm

5.38 1) ca. 0,97 kg 2) ca. 1,02 kg

5.39 1) ca. 6,68 % 2) ca. 21,66 kg

5.40 1) ca. 168 nF 2) ca. 143 nF

5.41 1) ca. 4,9 cm 2) 4,8 cm

5.42 1) ca. 1,88225 cg ≈ 1,88 cg 2) $P(X \geq 1{,}88225) \approx 25{,}95\,\%$

5.43 1) $\bar{x} \approx 66{,}8$ cm, $s \approx 2{,}3$ cm 2) ca. 8 % 3) ca. 22 % 4) ca. 69 cm 5) ca. 65 cm

5.45 a) $d \approx 6{,}25$ b) $d \approx 3{,}19$ c) $d \approx 2{,}28$ d) $d \approx 1{,}48$ e) $d \approx 1{,}71$ f) $d \approx 2{,}89$

5.46 a) ca. [65,5; 130,5] b) ca. [75,1; 120,9] c) ca. [77,4; 118,6] d) ca. [87,6; 108,4] e) ca. [85,0; 111,0] f) ca. [80,0; 116,0]

5.47 a) ca. 5,7 mm b) ca. [3,6; 6,4]

5.48 a) ca. 1,24 % b) je ca. 0,62 % c) $\mu - d \approx 9{,}96$ mm, $\mu + d \approx 10{,}04$ mm

5.49 a) ca. 1155 Eier b) $\mu - d \approx 51{,}7$ g; $\mu + d \approx 58{,}4$ g

5.50 a) ca. 68,26 % b) [161; 181]

5.51 a) ca. 0,0228 b) ca. 0,0918 c) [15,5; 20,5] d) ca. 0,1836

5.53 $\mu \approx 0{,}82$ l

5.54 $\mu \approx 503{,}3$ g

5.55 $\mu \approx 300{,}75$ h

5.56 $\mu \approx 3\,155$ m

5.57 a) ca. 25,14 % b) $\mu \approx 530{,}8$ g

5.58 a) ca. 0,0668 b) ≈ 5,6 l/100 km c) ≈ 4,5 l/100 km

5.60 $\sigma \approx 2$ ml

5.61 $\sigma \approx 1{,}38$ g

5.62 $\sigma \approx 1{,}22$ g

5.63 a) $\sigma \approx 2{,}15$ g b) $\sigma \approx 2{,}44$ g

5.64 1) $\mu = 3\,200$ g, $\sigma \approx 182{,}37$ g 2) ca. 42 %

5.65 1) $\mu = 165$ cm, $\sigma \approx 7{,}65$ cm 2) ca. 0 %

5.66 1) ca. 13,36 % 2) $\sigma \approx 0{,}15$ mm

5.68 a) $P(H = 2) \approx 0{,}291$ b) $P(H \geq 2) \approx 0{,}515$ c) $P(H \leq 2) \approx 0{,}775$

5.69 a) $P(H = 0) \approx 0{,}006$ b) $P(H = 10) \approx 0{,}0001$ c) $P(H = 5) \approx 0{,}201$ d) $P(H \geq 5) \approx 0{,}367$ e) $P(H \leq 5) \approx 0{,}834$

5.70 $\mu \approx 2{,}67$, $\sigma \approx 1{,}52$

5.73 a) $P(H \geq 230) \approx 0{,}9633$ b) $P(H \leq 270) \approx 0{,}9633$ c) $P(230 \leq H \leq 270) \approx 0{,}9266$

5.74 a) $P(H \geq 180) \approx 0{,}1292$ b) $P(H \leq 150) \approx 0{,}0793$ c) $P(160 \leq H \leq 170) \approx 0{,}3260$

5.75 a) $P(H \geqslant 300) \approx 0{,}0062$ b) $P(H \leqslant 250) \approx 0{,}1056$ c) $P(250 \leqslant H \leqslant 270) \approx 0{,}4931$

5.76 a) $P(H \geqslant 230) \approx 0{,}7967$ b) $P(H \leqslant 250) \approx 0{,}7967$ c) $P(230 \leqslant H \leqslant 250) \approx 0{,}5934$

5.77 1) $P(H \geqslant 2) \approx 0{,}6670$ 2) $P(H \geqslant 200) \approx 0{,}2946$

5.78 1) $P(H \geqslant 2) = 0{,}57475$ 2) $P(H \geqslant 150) \approx 0{,}9591$

5.80 [481; 519]

5.81 [151; 182]

5.82 a) ca. 355 b) ca. 312

5.83 a) ca. 143 b) ca. 157

5.84 1) $\mu = 20,\ \sigma \approx 4{,}41$ 2) $P(H \geqslant 15) \approx 0{,}8708$ 3) ca. 17

5.85 1) $\mu = 15,\ \sigma \approx 3{,}77$ 2) $P(H \geqslant 10) \approx 0{,}9066$ 3) [10; 20]

5.86 1) $\mu = 32$ 2) $P(H \geqslant 50) \approx 0$ 3) [25; 39]

5.87 a) Siehe Seite 76! ZB: Augensumme beim Würfeln
b) Siehe Seite 77! ZB: Füllmenge

5.88 Siehe Seite 76!

5.89 Siehe Seiten 77 und 78!

5.90 1) Siehe Seite 79!
2) Siehe Seite 80!

5.91 a) $P(X \leqslant c) = \Phi\left(\frac{c-\mu}{\sigma}\right)$

$P(X \geqslant c) = 1 - \Phi\left(\frac{c-\mu}{\sigma}\right) = \Phi\left(-\frac{c-\mu}{\sigma}\right)$

$P(c \leqslant X \leqslant d) = \Phi\left(\frac{d-\mu}{\sigma}\right) - \Phi\left(\frac{c-\mu}{\sigma}\right)$

b) $P(\mu - d \leqslant X \leqslant \mu + d) = 2 \cdot \Phi\left(\frac{\mu + d - \mu}{\sigma}\right) - 1 = 2 \cdot \Phi\left(\frac{d}{\sigma}\right) - 1$

5.92 a) ca. 68,3 % b) ca. 95,4 % c) ca. 99,7 %

5.93 a) Man setzt $c = \mu + z \cdot \sigma$ und verwendet die Formel $P(X \leqslant \mu + z \cdot \sigma) = \Phi(z)$.
Aus $\Phi(z) = 0{,}6$ folgt $z \approx 0{,}25$. Damit erhält man: $c \approx \mu + 0{,}25 \cdot \sigma$

b) Man setzt $c = \mu + z \cdot \sigma$ und verwendet die Formel $P(X \geqslant \mu + z \cdot \sigma) = \Phi(-z)$.
Aus $\Phi(-z) = 0{,}6$ folgt $z \approx -0{,}25$. Damit erhält man: $c \approx \mu - 0{,}25 \cdot \sigma$

c) Man setzt $c = z \cdot \sigma$ und verwendet die Formel
$P(\mu - z \cdot \sigma \leqslant X \leqslant \mu + z \cdot \sigma) = 2 \cdot \Phi(z) - 1$. Aus $2 \cdot \Phi(z) - 1 = 0{,}6$ folgt $z \approx 0{,}84$.
Damit erhält man: $c \approx 0{,}84 \cdot \sigma$

5.94 Siehe Seiten 94 und 95!

5.96

	trifft zu	trifft nicht zu
$0 < P(X = c) < 1$	☐	☒
$P(X < c) < P(X \leqslant c)$	☐	☒
$P(X < c) + P(X \geqslant c) = 1$	☒	☐
$P(X < c) + P(X > c) = 1$	☒	☐

5.97

	trifft zu	trifft nicht zu
Die Verteilung A ist eine Standardnormalverteilung.	☐	☒
Die Verteilung B ist eine Standardnormalverteilung.	☒	☐
Die Verteilung C ist eine Standardnormalverteilung.	☐	☒
In A gilt $P(X \geq 4) < P(X \geq \mu)$.	☐	☒
In B ist $P(\mu - \sigma \leq X \leq \mu + \sigma)$ dargestellt.	☒	☐
In C ist $P(X \leq \mu)$ dargestellt.	☐	☒

5.98 a) $P(X \leq \mu - \sigma) < P(X \leq \mu + \sigma)$ b) $P(X \leq \mu) = P(X \geq \mu)$ c) $P(X \leq \mu) = 1 - P(X \geq \mu)$

5.99 a) $1 - \Phi(-a)$ c) $2 \cdot \Phi(c) - 1$ e) $\Phi(n) - \Phi(m)$ g) $\Phi(v) + \Phi(-u) - 1$
b) $1 - \Phi(b)$ d) $2 \cdot (1 - \Phi(d))$ f) $\Phi(-p) - \Phi(-q)$ h) $\Phi(0)$

5.100 1) $P(H \leq 12) \approx 0{,}868$
2) Die Faustregel ist nicht erfüllt.
$\mu = 10$, $\sigma = \sqrt{5} \approx 2{,}236$; $P(H \leq 12) \approx \Phi(0{,}89) \approx 0{,}8133$
Unterschied $\approx 0{,}055$

5.101 a) $z \approx -0{,}52$ b) $z \approx 0{,}84$ c) $z \approx 0{,}25$

5.102 Es muss gelten: $\Phi(b) - \Phi(a) = 0{,}5$. Wähle a beliebig und berechne b!
Für $a = -1$ erhält man beispielsweise die Näherungsintervalle: [−1; 0,41] und [−0,41; 1].

5.103 (1) und (4), (2) und (3)

5.104 a) ca. 0,9082 b) ca. 0,9962 c) ca. 0,9044

5.105 a) ca. 0,012 b) ≈ 0

5.106 $\mu \approx 1{,}0036$ cm, $\sigma \approx 0{,}0201$ cm

5.107 1) näherungsweise Klassengrenzen:
dünn: < 52 cm, mittel: 52 cm bis 58 cm, dick: > 58 cm
2) näherungsweise Klassengrenzen:
dünn: < 48 cm, mittel: 48 cm bis 62 cm, dick: > 62 cm
3) P(dünn) ≈ 16 %, P(mittel) ≈ 68 %, P(dick) ≈ 16 %

5.108 $p = \frac{1}{10}$, $\mu = 13$, $\sigma \approx 3{,}42$
1) $P(X \geq 20) \approx 0{,}0202$ 2) 10 Treffer

6 Schätzen und Testen von Anteilen

Die folgenden Ergebnisse wurden mit Hilfe der im Buch angegebenen Tabellen berechnet. Infolge von Rundungen in den Tabellen und in den Rechnungen stellen die Ergebnisse nur Näherungswerte dar. Falls eine Software verwendet wird, können die Ergebnisse ebenfalls geringfügig abweichen.

6.02 ca. [0,50; 0,70] = [50 %; 70 %]

6.03 ca. [0,03; 0,07] = [3 %; 7 %]

6.05 a) ca. [0,08; 0,16] = [8 %; 16 %]
b) ca. [0,07; 0,17] = [7 %; 17 %]

6.06 a) ca. [0,349; 0,410] = [34,9 %; 41,1 %]
b) ca. [0,340; 0,420] = [34,0 %; 42,0 %]

6.07 ca. [0,63; 0,81] = [63 %; 81 %]

6.08 a) ca. [0,14; 0,20] = [14 %; 20 %]
b) ca. [0,13; 0,21] = [13 %; 21 %]

6.10 A: mit ca. 83 %, B: mit ca. 51 %. Die Marktforscherin B kann man als leichtsinnig bezeichnen, weil ihr Risiko einer Fehleinschätzung sehr hoch ist.

6.11 mit ca. 69 %

6.12 a) mit ca. 74 %
b) mit ca. 99 %

6.15 a) mindestens 2 213 Haushalte
b) mindstens 2 401 Haushalte

6.16 a)

Radio:	mindestens	369 Haushalte
Fernsehgerät:	mindestens	787 Haushalte
DVD-Player:	mindestens	1752 Haushalte
Camcorder:	mindestens	707 Haushalte

Werden die Haushalte hinsichtlich aller vier Geräte befragt, müssen mindestens 1752 Haushalte in die Erhebung einbezogen werden.

b)

Radio:	mindestens	637 Haushalte
Fernsehgerät:	mindestens	1 358 Haushalte
DVD-Player:	mindestens	3 024 Haushalte
Camcorder:	mindestens	1 221 Haushalte

Werden die Haushalte hinsichtlich aller vier Geräte befragt, müssen mindestens 3 024 Haushalte in die Erhebung einbezogen werden.

6.17

keine Kontakte:	mindestens	707 Eltern
häufiger der Vater:	mindestens	941 Eltern
Vater und Mutter gleich oft:	mindestens	1 291 Eltern
häufiger die Mutter:	mindestens	2 185 Eltern

Werden die Eltern hinsichtlich aller vier Antwortmöglichkeiten befragt, müssen mindestens 2 185 Eltern in die Erhebung einbezogen werden.

6.18 1) mindestens 9 604 Personen
2) mindestens 9 220 Personen; relative Ersparnis: ca. 4 %

6.22 $P(H \leq 11) \approx 0{,}113 > 0{,}05$
GemeindeAktuell kann die Behauptung der Bürgermeisterkandidatin Claudia Maier mit der maximal zugelassenen Irrtumswahrscheinlichkeit 0,05 nicht verwerfen.
Interpretation: Über die Gültigkeit der Behauptung kann nichts ausgesagt werden. Der Test war umsonst.

6.23 a) $P(H = 0) \approx 0{,}039 < 0{,}05$
Die Behauptung der Arbeitgeberstudie kann mit der maximal zugelassenen Irrtumswahrscheinlichkeit 0,05 verworfen werden.
Interpretation: Würde man sehr oft Stichproben vom Umfang 20 erheben und dabei jedes Mal die Behauptung der Studie bei einem Stichprobenergebnis $H = 0$ verwerfen, dann würde man bei höchstens 5 % aller Stichproben einen Irrtum begehen, falls die Studie doch Recht hat.
b) $P(H = 0) \approx 0{,}039 > 0{,}01$
Die Behauptung der Arbeitgeberstudie kann mit der maximal zugelassenen Irrtumswahrscheinlichkeit 0,01 nicht verworfen werden.
Interpretation: Über die Gültigkeit der Behauptung kann nichts ausgesagt werden. Der Test war umsonst.

6.24 a) $P(H \geqslant 5) \approx 0{,}043 < 0{,}05$
Die Behauptung des Getränkeherstellers kann mit der maximal zugelassenen Irrtumswahrscheinlichkeit 0,05 verworfen werden.
b) $P(H \geqslant 5) \approx 0{,}043 > 0{,}01$
Die Behauptung des Getränkeherstellers kann mit der maximal zugelassenen Irrtumswahrscheinlichkeit 0,01 nicht verworfen werden.

6.25 a) $P(H \geqslant 4) \approx 0{,}001 < 0{,}05$
Die Behauptung von *Carbon Ltd.* kann mit der maximal zugelassenen Irrtumswahrscheinlichkeit 0,05 verworfen werden.
b) $P(H \geqslant 4) \approx 0{,}001 < 0{,}01$
Die Behauptung von *Carbon Ltd.* kann mit der maximal zugelassenen Irrtumswahrscheinlichkeit 0,01 verworfen werden.

6.26 $P(H \leqslant 172) \approx 0{,}0294 < 0{,}05$
Clean kann die Behauptung von *FleckWeg* mit der maximal zugelassenen Irrtumswahrscheinlichkeit 0,05 verwerfen.

6.27 $P(H \geqslant 70) \approx 0{,}1685 > 0{,}05$
Die Behauptung der Zeitschrift *AutoInfo* kann mit der maximal zugelassenen Irrtumswahrscheinlichkeit 0,05 nicht verworfen werden.

6.28 $P(H \leqslant 580) \approx 0{,}0188 < 0{,}05$
Die Behauptung des *Stadtanzeigers* kann mit der maximal zugelassenen Irrtumswahrscheinlichkeit 0,05 verworfen werden.

6.30 $P(H \leqslant 11) \approx 0{,}995 > 0{,}025$ und $P(H \geqslant 11) \approx 0{,}017 < 0{,}025$
Die Nullhypothese H_0: $p = 0{,}3$ kann verworfen werden. Man darf annehmen, dass sich der Prozentsatz der infizierten Zecken verändert hat.

6.31 $P(H \leqslant 3) \approx 0{,}225 > 0{,}025$ und $P(H \geqslant 3) \approx 0{,}909 > 0{,}025$
Die Nullhypothese H_0: $p = 0{,}25$ kann nicht verworfen werden. Man kann nicht annehmen, dass sich der Prozentsatz der Raucher verändert hat.

6.32 $P(H \leqslant 7) \approx 1 > 0{,}025$ und $P(H \geqslant 7) \approx 0{,}001 < 0{,}025$
Die Nullhypothese H_0: $p = 0{,}2$ kann mit der maximal zugelassenen Irrtumswahrscheinlichkeit 0,05 verworfen werden. Man kann nicht annehmen, dass der Prozentsatz der Kunden, die am ersten Weihnachtseinkaufssamstag mindestens 50 € ausgeben, sich vom entsprechenden Prozentsatz an anderen Einkaufstagen unterscheidet.

6.33 **a)** $P(H \leqslant 4) \approx 1 > 0{,}005$ und $P(H \geqslant 4) \approx 0{,}001 < 0{,}005$
Die Nullhypothese H_0: $p = 0{,}02$ kann mit der maximal zugelassenen Irrtumswahrscheinlichkeit 0,05 verworfen werden. Man kann annehmen, dass sich die Maschine verstellt hat.
b) $P(H = 0) \approx 0{,}668 > 0{,}005$ und $P(H \geqslant 0) \approx 1 > 0{,}005$
Die Nullhypothese H_0: $p = 0{,}02$ kann mit der maximal zugelassenen Irrtumswahrscheinlichkeit nicht verworfen werden. Trotzdem darf man nicht annehmen, dass sich die Maschine nicht verstellt hat. Der Test war umsonst.

6.34 $P(H \leqslant 2) \approx 0{,}329 > 0{,}025$ und $P(H \geqslant 2) \approx 0{,}870 > 0{,}025$
Die Nullhypothese H_0: $p = \frac{1}{6}$ kann mit der maximal zugelassenen Irrtumswahrscheinlichkeit 0,05 nicht verworfen werden. Joe kann nicht annehmen, dass der Würfel gefälscht ist.

6.35 $P(H \leqslant 76) \approx 0{,}7881 > 0{,}025$ und $P(H \geqslant 76) \approx 0{,}2119 > 0{,}025$
Die Nullhypothese H_0: $p = 0{,}2$ kann nicht verworfen werden. Man darf nicht annehmen, dass 20 % der Bürger einen Passantrag nicht richtig ausfüllen können.

6.36 $P(H \leqslant 61) \approx 0{,}8159 > 0{,}025$ und $P(H \geqslant 61) \approx 0{,}1841 > 0{,}025$
Die Nullhypothese H_0: $p = 0{,}2$ kann nicht verworfen werden. Man kann nicht annehmen, dass sich die Haltbarkeitsdauer der Batterien geändert hat.

6.37 $P(H \leqslant 122) \approx 0{,}0066 < 0{,}025$ und $P(H \geqslant 122) \approx 0{,}9934 > 0{,}025$
Die Nullhypothese H_0: $p = 0{,}15$ kann mit der maximal zugelassenen Irrtumswahrscheinlichkeit 0,05 verworfen werden. Weil es sich um einen zweiseitigen Test handelt, kann man nur annehmen, dass sich der Prozentsatz der Produkte minderer Qualität verändert hat. Man weiß aber nicht, ob sich dieser Prozentsatz verkleinert oder vergrößert hat. Daher kann man auch nicht sagen, ob die neuen Maschinen besser arbeiten als die alten Maschinen.

6.38 $P(H \leqslant 92) \approx 0{,}9834 > 0{,}025$ und $P(H \geqslant 92) \approx 0{,}0166 < 0{,}025$
Die Nullhypothese H_0: $p = 0{,}15$ kann verworfen werden. Man darf annehmen, dass sich der relative Anteil der Pollenallergiker in der Zwischenzeit verändert hat.

6.40 mindestens 16 Ausschussstucke

6.41 **a)** höchstens 24-mal **b)** höchstens 20-mal

6.42 **a)** höchstens 41-mal **b)** höchstens 38-mal

6.43 ab 17 Ausschussstücken

6.44 Befinden sich in einer Stichprobe bestehend aus 250 Probanden, die mit dem Antibiotikum behandelt wurden, höchstens 213 Personen, bei denen das Antibiotikum wirkt, so kann man die Annahme, dass die Bakterien in der Zwischenzeit keine Resistenzen gegen das Antibotikum gebildet haben, mit der maximalen Irrtumswahrscheinlichkeit 0,01 verwerfen.

6.45 **1)** mindestens 26 Mäuse bzw. mindestens 28 Mäuse
2) Bei der einen Hälfte der Versuchsläufe sollte sich das Licht im linken Gang, bei der anderen Hälfte im rechten Gang befinden.

6.47 bei höchstens 13 oder mindestens 32 Ausschussstücken

6.48 bei höchstens 436 oder mindestens 464 Wirkungen

6.49 bei höchstens 36 oder mindestens 64 „Schwarzfahrern"

6.50 *rechtsseitiger Test:* $P(H \geq 116) \approx 0{,}0367 < 0{,}05$
Die Nullhypothese H_0: $p = 0{,}2$ kann beim Signifikanzniveau 0,05 verworfen werden.
zweiseitiger Test: $P(H \leq 116) \approx 0{,}9633 > 0{,}025$ und $P(H \geq 116) \approx 0{,}0367 > 0{,}025$
Die Nullhypothese H_0: $p = 0{,}2$ kann beim Signifikanzniveau 0,05 nicht verworfen werden.

6.51 Der γ-Schätzbereich von h ist jenes symmetrische Intervall um p, welches die unbekannte relative Häufigkeit h in einer Stichprobe vom vorgegebenen Umfang n mit der Wahrscheinlichkeit γ enthält.

γ-Schätzbereich von h (für großes n) $\approx \left[p - z \cdot \sqrt{\frac{p \cdot (1-p)}{n}};\ p + z \cdot \sqrt{\frac{p \cdot (1-p)}{n}}\right]$,

wobei z so zu bestimmen ist, dass $\Phi(z) = \frac{1+\gamma}{2}$ gilt.

6.52 Das γ-Konfidenzintervall für p ist die Menge aller Schätzwerte für p, deren γ-Schätzbereich den bekannten Wert h überdecken.

γ-Konfidenzintervall für p $\approx \left[h - z \cdot \sqrt{\frac{h \cdot (1-h)}{n}};\ h + z \cdot \sqrt{\frac{h \cdot (1-h)}{n}}\right]$,

wobei z so zu bestimmen ist, dass $\Phi(z) = \frac{1+\gamma}{2}$ ist.

6.53 Würde man sehr oft Stichproben vom Umfang n erheben und jedes Mal mittels $\left[h - z \cdot \sqrt{\frac{h \cdot (1-h)}{n}};\ h + z \cdot \sqrt{\frac{h \cdot (1-h)}{n}}\right]$ $\left(z \text{ so, dass } \Phi(z) = \frac{1+\gamma}{2}\right)$ ein γ-Konfidenzintervall für den unbekannten relativen Anteil p eines Merkmals in einer Grundgesamtheit bestimmen, dann würden diese Intervalle bei ca. 95 % aller Stichproben den unbekannten relativen Anteil p überdecken.

6.54 a) Je größer die Sicherheit γ, desto größer die Länge des zugehörigen γ-Konfidenzintervalls, dh. desto ungenauer die Schätzung von p durch das Konfidenzintervall.
b) Je größer der Stichprobenumfang n, desto kleiner die Länge des zugehörigen γ-Konfidenzintervalls, dh. desto genauer die Schätzung von p durch das Konfidenzintervall.

6.55 $\gamma \approx 2 \cdot \Phi(z) - 1$, wobei $z = \frac{d}{2 \cdot \sqrt{\frac{h \cdot (1-h)}{n}}}$

6.56 Für die halbe Länge des 95 %-Konfidenzintervalls soll gelten:
$z \cdot \sqrt{\frac{h \cdot (1-h)}{n}} = \frac{d}{2}$, wobei z so zu bestimmen ist, dass $\Phi(z) = \frac{1+0{,}95}{2}$ gilt. Damit ist $z \approx 1{,}96$.

a) Ist eine Schätzung für h durch eine Voruntersuchung vorhanden, so erhält man für den nötigen minimalen Stichprobenumfang $n \approx \frac{4 \cdot 1{,}96^2 \cdot h \cdot (1-h)}{d^2}$.

b) Ist keine Schätzung für h aus einer Voruntersuchung bekannt, überlegt man, dass der Term $\frac{4 \cdot 1{,}96^2 \cdot h \cdot (1-h)}{d^2}$ bei konstantem d für $h = 0{,}5$ seinen größten Wert annimmt. Damit erhält man für den nötigen minimalen Stichprobenumfang $n \approx \left(\frac{1{,}96}{d}\right)^2$.

6.58 ca. [0,19; 0,41] = [19 %; 41 %]

6.59 ca. [0,03; 0,07] = [3 %; 7 %]

6.60 ca. [0,59; 0,73] = [59 %; 73 %]

6.61 ca. [0,22; 0,31] = [22 %; 31 %]

6.62 a) ca. [0,20; 0,26] = [20 %; 26 %]   b) ca. [0,19; 0,27] = [19 %; 27 %]

6.63 a) ca. [0,326; 0,391] = [32,6 %; 39,1 %]
b) ca. [0,319; 0,397] = [31, 9 %; 39,7 %]
c) ca. [0,307; 0,409] = [30,7 %; 40,9 %]

6.64 1) N = unbekannte Anzahl der Fische im Teich
$p = \frac{70}{N}$ = unbekannter relativer Anteil der markierten Fische im Teich
95 %-Konfidenzintervall für p ≈ [5,6 %; 18,4 %]
95 %-Konfidenzintervall für $N = \frac{70}{p} \approx [382; 1243]$

2) Sei N die unbekannte Anzahl der im Territorium lebenden Kängurus.
N kann so abgeschätzt werden:

- Man fängt a Kängurus, markiert diese und lässt diese wieder frei.
  Wir nehmen jetzt an, dass sich die markierten Tiere gleichmäßig im Territorium verteilen.
- Nach einiger Zeit fängt man b Kängurus, stellt fest, wie viele davon markiert sind, und berechnet den relativen Anteil h der markierten Kängurus unter den b gefangenen Kängurus.
- Man bestimmt dann ein 95 %-Konfidenzintervall $[p_U, p_O]$ für den unbekannten relativen Anteil $p = \frac{a}{N}$ der markierten Kängurus im ganzen Territorium.
- Weil sich die markierten Tiere gleichmäßig im Territorium verteilt haben, kann man annehmen:
  relativer Anteil h der markierten unter den gefangenen Tieren ≈ relativer Anteil p der markierten Tiere im Territorium.
- Weil nun mit 95 %-iger Sicherheit gilt: $p_U < p < p_O$, erhält man:
  $$\frac{1}{p_u} > \frac{1}{p} > \frac{1}{p_o} \Rightarrow \frac{a}{p_u} > \frac{a}{p} > \frac{a}{p_o} \Rightarrow \frac{a}{p_u} > N > \frac{a}{p_o}$$
  Daher gilt mit 95 %-iger Sicherheit: $\frac{a}{p_u}$ ist eine obere Schranke für die Anzahl N der Kängurus im Territorium und $\frac{a}{p_o}$ ist eine untere Schranke für N.

6.65 a) 76,6 % b) 92,6 %

6.66 a) 99,1 % b) 80,6 %

6.67 Künstler: 93,7 %; Sportler: 94,1 %

6.68 a) 1) mindestens 2 401 Personen
2) mindestens 4 145 Personen
b) 1) mindestens 9 604 Personen
2) mindestens 16 577 Personen
c) 1) mindestens 38 416 Personen
2) mindestens 66 307 Personen

6.69 a) mindestens 2 185 Personen
b) mindestens 8 740 Personen
c) mindestens 34 959 Personen

6.70 a) mindestens 2 401 Personen
b) mindestens 9 604 Personen
c) mindestens 38 416 Personen

7 Differenzen- und Differentialgleichungen

7.02 a) $P(0) = 100$; $P(1) = 110$; $P(2) = 121$; $P(3) = 133{,}1$
b) $P(0) = 50$; $P(\Delta t) \approx 124{,}42$; $P(2 \cdot \Delta t) \approx 309{,}59$; $P(3 \cdot \Delta t) \approx 770{,}35$

7.03 $f(100) \approx 131{,}62$; $f(200) \approx 111{,}47$; $f(300) \approx 110{,}56$; $f(400) \approx 110{,}51$; $f(500) \approx 110{,}51$

7.04 $f(10) \approx 16{,}21$; $f(20) \approx 12{,}79$; $f(30) \approx 12{,}55$; $f(40) \approx 12{,}53$; $f(50) \approx 12{,}53$

7.05

$f(x) = c$	entspricht	$f(0) = c$ und $f(x + \Delta x) = f(x)$
$f(x) = c \cdot x$	entspricht	$f(0) = 0$ und $f(x + \Delta x) = f(x) + c \cdot \Delta x$
$f(x) = c^x$	entspricht	$f(0) = 1$ und $f(x + \Delta x) = c^{\Delta x} \cdot f(x)$

7.06 $K(n) = 2000 - 250 \cdot (n - 1)$ (für $1 \leq n \leq 12$)
$K(1) = 2000$ und $K(n + 1) = K(n) - 250$ (für $1 \leq n \leq 11$)

7.07 a) Das erste Lager ist nach 40 Wochen leer, das zweite Lager nach 60 Wochen.
b) Nach 20 Wochen befindet sich in beiden Lagern die gleiche Stückzahl (1600 Stück).

7.08 1) $K(0) = K_0$ und $K(n + 1) = K(n) \cdot \left(1 + \frac{p}{100}\right)$
2) $K(0) = 1000$; $K(1) = 1020$; $K(2) = 1040{,}4$; $K(3) = 1061{,}21$; $K(4) = 1082{,}43$

7.09 1) $W(0) = 20$ und $W(n + 1) = 20 + 0{,}2 \cdot W(n)$ für $n = 0, 1, 2, 3, \dots$
2) $W(0) = 20$; $W(1) = 24$; $W(2) = 24{,}8$; $W(3) = 24{,}96$; $W(4) = 24{,}992$; $W(5) = 24{,}9984$; $W(6) = 24{,}99968$
Vermutung: W(n) konvergiert gegen 25
3) $W(n) < 25 \Rightarrow W(n + 1) = 20 + 0{,}2 \cdot W(n) < 20 + 0{,}2 \cdot 25 = 25 \Rightarrow W(n + 1) < 25$
4) Wäre $W(n) = 25$, dann wäre $W(n + 1) = 20 + 0{,}2 \cdot 25 = 25 = W(n)$, dh. die morgendliche Medikamentenmenge im Körper würde von da an konstant bleiben.
5) Dieser Patient erhält jeden Morgen 35 mg eines Medikaments und es werden bis zum nächsten Morgen 70 % des Medikaments abgebaut.

7.10 a) $P(n) = 34\,800 \cdot 0{,}75^n$ $\quad P(0) = 34\,800$ und $P(n + 1) = P(n) \cdot 0{,}75$
b) $P(0) = 34\,800$; $P(1) = 26\,100$; $P(2) = 19\,575$; $P(3) \approx 14\,681$; $P(4) \approx 11\,011$
Im ersten Jahr verliert das Auto 8700 € an Wert, im vierten Jahr 3670 €.
c) nach 6 Jahren
d) ungefähr 22 %

7.13 1) $\frac{N(t + \Delta t) - N(t)}{\Delta t} = -r \cdot N(t) \Rightarrow \lim\limits_{\Delta t \to 0} \frac{N(t + \Delta t) - N(t)}{\Delta t} = -r \cdot N(t) \Rightarrow N'(t) = -r \cdot N(t)$
2) $N(t) = N_0 \cdot e^{-rt}$

7.14 a) $f(x) = e^{2x}$

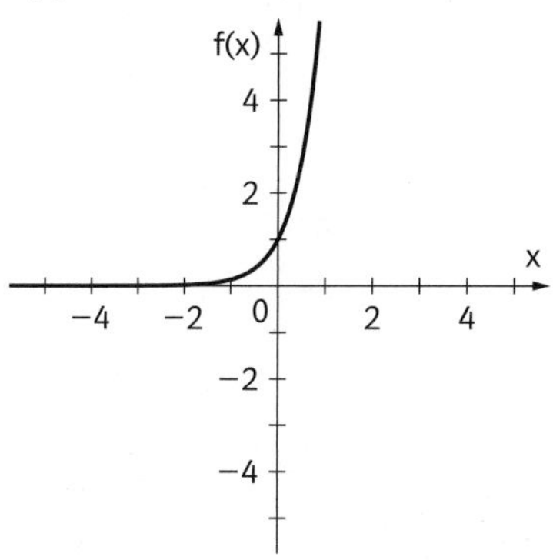

c) $f(x) = 2 \cdot 10^3 \cdot e^{-2x}$

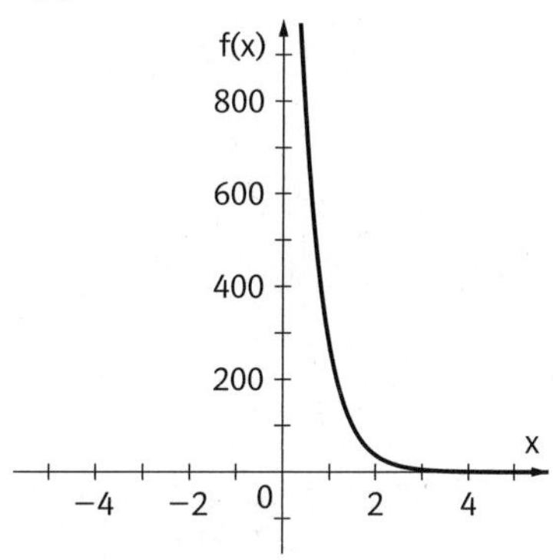

b) $f(x) = \sqrt{e} \cdot e^{\frac{1}{2}x}$

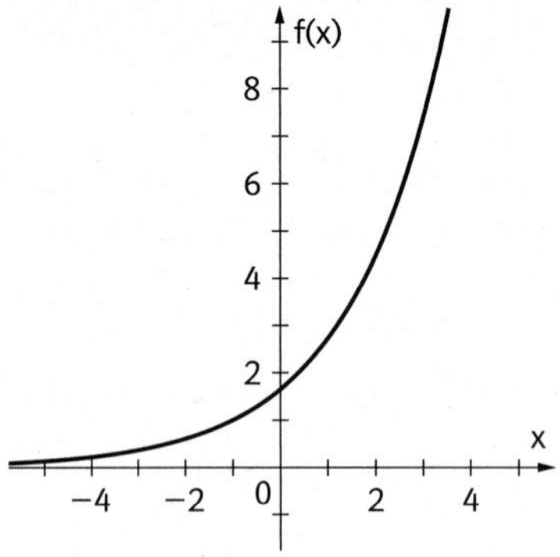

d) $f(x) = -10^{-10} \cdot e^{-\frac{1}{2}x}$

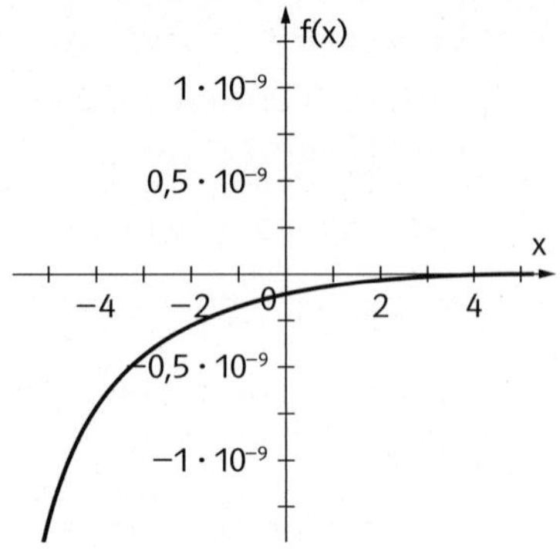

7.15 $a = e^k$

7.16 Für $k > 0$ beschreibt f einen Wachstumsprozess, für $k < 0$ einen Abnahmeprozess.

7.17
☐
☒
☐
☒
☒
☐

7.18 $P'(t) = \dfrac{K \cdot P_0 \cdot (K - P_0) \cdot (aK) \cdot e^{-aKt}}{[P_0 + (K - P_0) \cdot e^{-aKt}]^2} = \dfrac{a \cdot K^2 \cdot P_0 \cdot (K - P_0) \cdot e^{-aKt}}{[P_0 + (K - P_0) \cdot e^{-aKt}]^2}$

$a \cdot P(t) \cdot [K - P(t)] = a \cdot \dfrac{K \cdot P_0}{P_0 + (K - P_0) \cdot e^{-aKt}} \cdot \left[K - \dfrac{K \cdot P_0}{P_0 + (K - P_0) \cdot e^{-aKt}}\right] =$

$= a \cdot \dfrac{K \cdot P_0}{P_0 + (K - P_0) \cdot e^{-aKt}} \cdot \left[\dfrac{K \cdot [P_0 + (K - P_0) \cdot e^{-aKt}] - K \cdot P_0}{P_0 + (K - P_0) \cdot e^{-aKt}}\right] =$

$= \dfrac{a \cdot K \cdot P_0}{P_0 + (K - P_0) \cdot e^{-aKt}} \cdot \left[\dfrac{K \cdot P_0 + K \cdot (K - P_0) \cdot e^{-aKt} - K \cdot P_0}{P_0 + (K - P_0) \cdot e^{-aKt}}\right] =$

$= \dfrac{a \cdot K \cdot P_0 \cdot K \cdot (K - P_0) \cdot e^{-aKt}}{[P_0 + (K - P_0) \cdot e^{-aKt}]^2} = \dfrac{a \cdot K^2 \cdot P_0 \cdot (K - P_0) \cdot e^{-aKt}}{[P_0 + (K - P_0) \cdot e^{-aKt}]^2}$

Somit gilt: $P'(t) = \dfrac{a \cdot K^2 \cdot P_0 \cdot (K - P_0) \cdot e^{-aKt}}{[P_0 + (K - P_0) \cdot e^{-aKt}]^2}$; $P(0) = \dfrac{K \cdot P_0}{P_0 + (K - P_0) \cdot e^{-a0t}} = \dfrac{K \cdot P_0}{P_0 + (K - P_0)} = P_0$

7.19 **a)** $P(t) = \dfrac{1000}{1 + 9 \cdot e^{-10t}}$

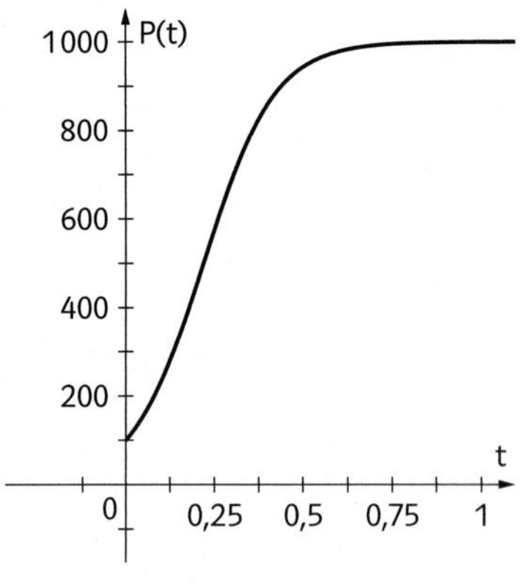

b) $P(t) = \dfrac{2000}{2 - e^{-10t}}$

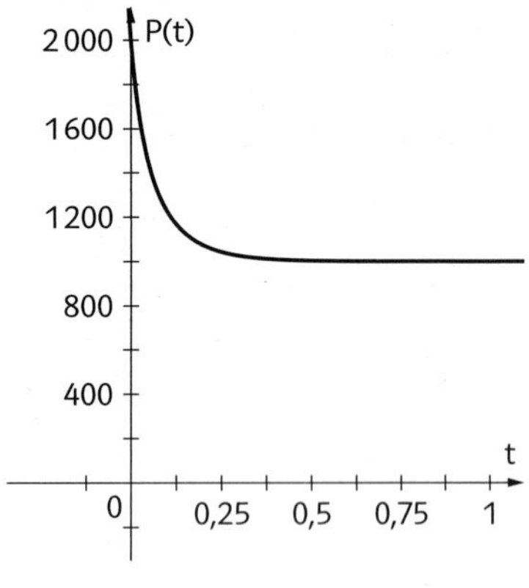

7.20 $s'(t) = a \cdot \omega \cdot \cos(\omega t + \varphi) - b \cdot \omega \cdot \sin(\omega t + \varphi)$

$s''(t) = -a \cdot \omega^2 \cdot \sin(\omega t + \varphi) - b \cdot \omega^2 \cdot \cos(\omega t + \varphi) = -\omega^2 \cdot (a \cdot \sin(\omega t + \varphi) + b \cdot \cos(\omega t + \varphi)) = -\omega^2 \cdot s($

7.21 Zum Beispiel: $f(x + \Delta x) = f(x) + \Delta x$

7.22 lineares Wachsen: $P(t + \Delta t) = P(t) + k \cdot \Delta t$
exponentielles Wachsen: $P(t + \Delta t) = P(t) + k \cdot \Delta t \cdot P(t) = (1 + k \cdot \Delta t) \cdot P(t)$

7.23 Eine Differentialgleichung für eine Funktion f ist eine Gleichung, in der (erste oder höhere) Ableitungen von f auftreten. Die Lösungen einer Differentialgleichung sind die Funktionen, die die Differentialgleichung erfüllen. Beispiel einer Differentialgleichung: $f'(x) = k \cdot f(x)$

7.24 Beispiel: Die Differenzengleichung $\frac{f(x + \Delta x) - f(x)}{\Delta x} = k \cdot f(x)$ geht für $\Delta x \to 0$ über in die Differentialgleichung $f'(x) = k \cdot f(x)$.

7.25 lineares Wachsen: $P'(t) = k$
exponentielles Wachsen: $P'(t) = k \cdot P(t)$

7.27 **a)** $G(3) = 10a^3 + 6a^2 + 6a + 6$

b)

a = 1,5	a = 1	a = 0,1
$G(0) = 10$	$G(0) = 10$	$G(0) = 10$
$G(1) = 21$	$G(1) = 16$	$G(1) = 7$
$G(2) = 37,5$	$G(2) = 22$	$G(2) = 6,7$
$G(3) = 62,25$	$G(3) = 28$	$G(3) = 6,67$
$G(4) = 99,375$	$G(4) = 34$	$G(4) = 6,667$

Für a = 1,5 und a = 1 nehmen die Werte mit wachsendem n zu, für a = 0,1 nehmen sie ab.

c) $G(0) = \frac{6 + 4 - 10a}{1 - a} = \frac{10 \cdot (1 - a)}{1 - a} = 10$

$a \cdot G(n) + 6 = a \cdot \frac{6 + (4 - 10a) \cdot a^n}{1 - a} + 6 = \ldots = \frac{6 + (4 - 10a) \cdot a^{n+1}}{1 - a} = G(n + 1)$

7.28
☐
☐
☐
☒
☐

7.29 (2), (3) und (4)

7.30 **1)** $T(t) = B + (A - B) \cdot 0{,}9^t$ **2)** $T'(t) = (A - B) \cdot 0{,}9^t \cdot \ln 0{,}9$ **3)** Nein

8 Vernetzte Systeme und deren Entwicklung

8.01 Beispiel 1: Benützung ö.V. $\xrightarrow{-}$ Fahrtkosten ö.V. $\xrightarrow{+}$ Autoverkehr: Verstärkte Benützung des ö.V. senkt die Fahrtkosten ö.V., was wiederum eine Verringerung des Autoverkehrs bewirkt. Die indirekte Wirkung von Benützung ö.V. auf Autoverkehr längs dieses gerichteten Weges ist also mit „ – " zu bewerten.

Beispiel 2: Verkauf $\xrightarrow{+}$ Produktion $\xrightarrow{-}$ Produktionskosten pro Stück: Höhere Verkaufszahlen bewirken eine gesteigerte Produktion, was wiederum eine Verringerung der Produktionskosten pro Stück zur Folge hat. Die indirekte Wirkung von Verkauf auf Produktionskosten pro Stück längs dieses gerichteten Weges ist also mit „ – " zu bewerten.

8.02 Eskalierend in Abb. 8.1, zB:

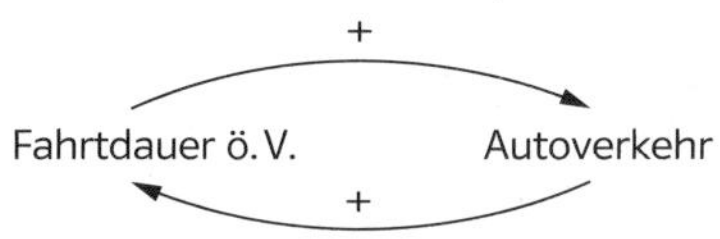

Stabilisierend in Abb. 8.2, zB:

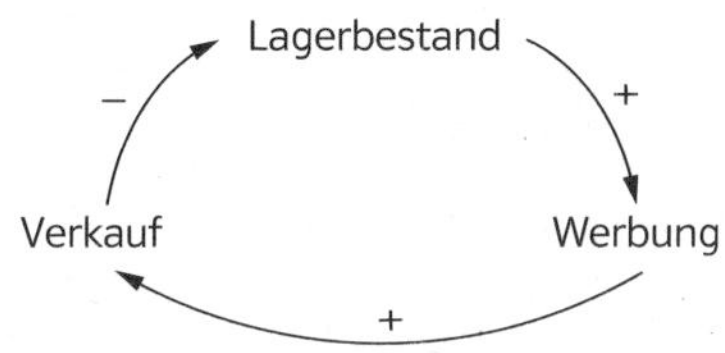

8.06 **1)** Wir betrachten beispielweise folgende Beziehungen:

Beziehung 1: Parkmöglichkeiten $\xrightarrow{-}$ Fahrtkosten pro Auto und Kilometer: Wenn es weniger Parkmöglichkeiten gibt, muss man länger nach einem Parkplatz suchen, dh. länger mit dem Auto fahren ohne dem eigentlichen Ziel der Fahrt näherzukommen. Dadurch steigen die Fahrtkosten pro Auto und Kilometer.

Beziehung 2: Komfort des Autofahrers $\xrightarrow{+}$ Anzahl der Autos: Wenn der Komfort beim Autofahren steigt, fährt man lieber mit dem Auto, dh. man kauft sich eher ein Auto. Daher steigt die Anzahl der Autos.

Beziehung 3: Fahrtstrecke pro Auto und Jahr $\xrightarrow{-}$ Fahrtkosten pro Auto und Kilometer: Wenn man pro Jahr eine längere Strecke fährt, sinken die Fixkosten (zB Kaufpreis, Service, Versicherung) pro gefahrenen Kilometer (die Fixkosten bleiben gleich, die gefahrenen Kilometer steigen, dh. das Verhältnis Fixkosten zu Kilometer sinkt.) Damit sinken auch die Fahrtkosten (Fixkosten + Verbrauchskosten) pro Kilometer.

2) Zum Beispiel:
Anzahl der Autos $\xrightarrow{-}$ Durchschnittsgeschwindigkeit des Autoverkehrs
Durchschnittsgeschwindigkeit des Autoverkehrs $\xrightarrow{+}$ Komfort des Autofahrers

8.07 Wir betrachten beispielsweise folgende Komponenten:

Komponente 1: Anzahl der Autos $\xrightarrow{+}$ Umweltbelastung: Wenn die Anzahl der Autos steigt, werden mehr schädliche Abgase und CO_2 an die Umwelt abgegeben, ebenso gibt es einen höheren Verbrauch an nicht-erneuerbaren Rohstoffen (Erdöl/Erdgas), dadurch steigt die Umweltbelastung.

Komponente 2: Komfort des Autofahrens $\xrightarrow{-}$ Benützung ö.V.: Wenn der Komfort beim Autofahren sinkt (zB durch lange Staus), verzichtet man eher auf das Auto und fährt lieber mit den ö. V.

Komponente 3: Benützung ö.V. → Fahrtkosten ö.V.: Je mehr Personen die ö.V. benützen, desto günstiger können die Fahrpreise gestaltet werden (eine Fahrtstrecke mit einem vollen Bus kostet das Verkehrsunternehmen praktisch genauso viel wie eine Fahrt mit einem fast leeren Bus; diese Kosten müssen durch die Fahrkarten hereingebracht werden; wenn mehr Personen fahren, kann das Verkehrsunternehmen pro Fahrkarte weniger verlangen, um die Kosten zu decken).

8.08 **1)** Zum Beispiel:

S $\xrightarrow{+}$ V $\xrightarrow{+}$ W (Gesamtwirkung: +)

S $\xrightarrow{+}$ T $\xrightarrow{+}$ V $\xrightarrow{+}$ W (Gesamtwirkung: +)

S $\xrightarrow{+}$ V $\xrightarrow{+}$ B $\xrightarrow{+}$ N $\xrightarrow{-}$ W (Gesamtwirkung: –)

2) Zum Beispiel:
stabilisierend: V $\xrightarrow{+}$ W $\xrightarrow{-}$ V; eskalierend: V $\xrightarrow{+}$ B $\xrightarrow{+}$ N $\xrightarrow{-}$ W $\xrightarrow{-}$ V

8.09

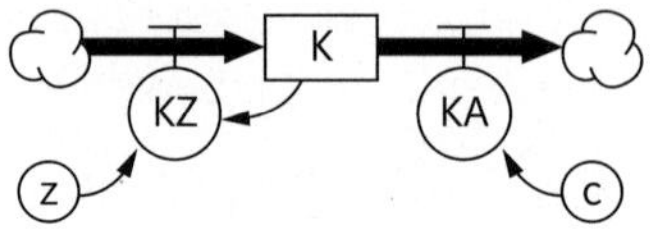

8.10

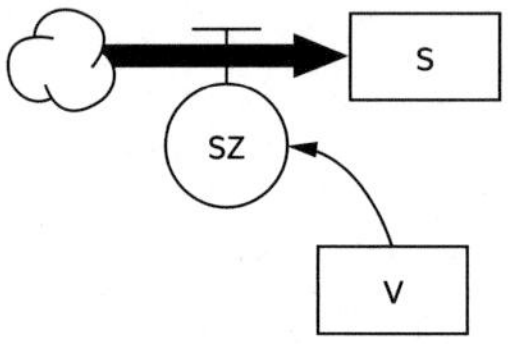

8.11

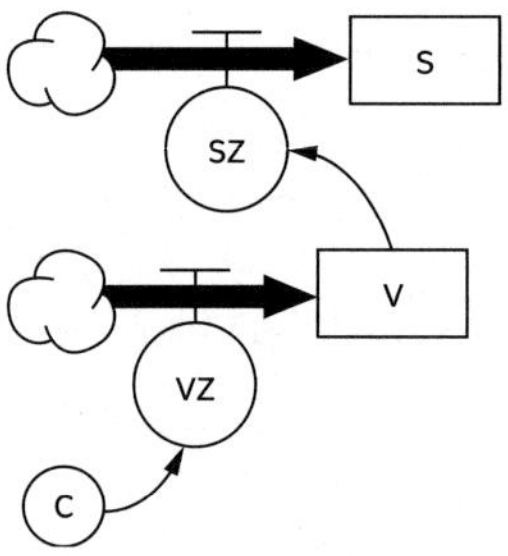

8.12

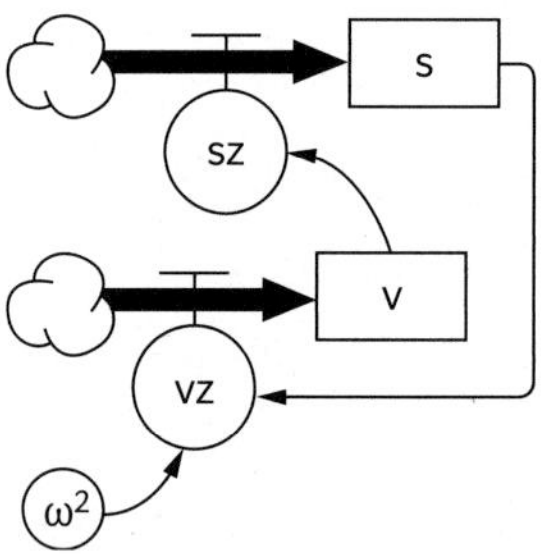

8.14 **a)**

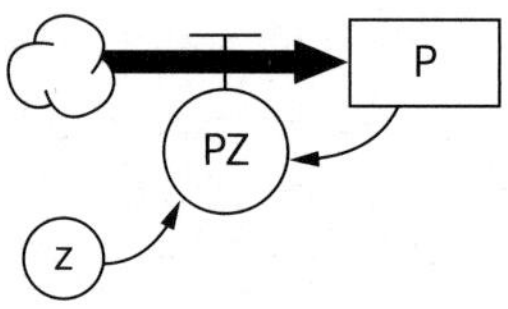

$P(t + \Delta t) = P(t) + PZ(t; t + \Delta t)$
$PZ(t; t + \Delta t) = z \cdot P(t) \cdot \Delta t$
Geht man wie im Lehrbuch vor und setzt a = 0 (kein Abfluss), so erhält man die Differentialgleichung $P(t) = P_0 \cdot e^{zt}$, also unbeschränktes exponentielles Wachstum.
Für P(0) = 1000, z = 0,04, Δt = 5 erhält man zB P(5) = 1200, P(10) = 1440, P(15) = 1728 usw.

b) 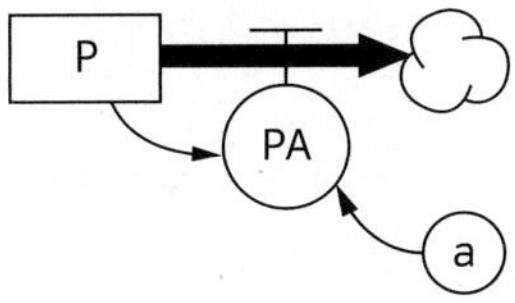

$P(t + \Delta t) = P(t) - PA(t; t + \Delta t)$
$PA(t; t + \Delta t) = a \cdot P(t) \cdot \Delta t$
Geht man wie im Lehrbuch vor und setzt $z = 0$ (kein Zufluss), so erhält man die Differentialgleichung $P(t) = P_0 \cdot e^{-at}$, also exponentielle Abnahme. Für $P(0) = 1000$, $a = 0{,}02$, $\Delta t = 5$ erhält man zB $P(5) = 900$, $P(10) = 810$, $P(15) = 729$ usw.

8.15 $P(0) = 1000$, $P(5) = 700$, $P(10) = 595$
$P(15) \approx 537$, $P(20) \approx 500$

8.16 **a)** $P(t + \Delta t) = P(t) + PZ(t; t + \Delta t) - PA(t; t + \Delta t)$

$\frac{PZ(t; t + \Delta t)}{\Delta t} = z$, dh. $PZ(t; t + \Delta t) = z \cdot \Delta t$

$\frac{PA(t; t + \Delta t)}{\Delta t} = a$, dh. $PA(t; t + \Delta t) = a \cdot \Delta t$

Eingesetzt erhält man $P(t + \Delta t) = P(t) + z \cdot \Delta t - a \cdot \Delta t = P(t) + (z - a) \cdot \Delta t$. Es ergibt sich die Differentialgleichung $P'(t) = z - a$ mit der Lösung $P(t) = (z - a) \cdot t + P_0$, also lineares Wachstum. Für $P(0) = 1000$, $z = 4$, $a = 2$, $\Delta t = 5$ erhält man zB $P(5) = 1010$, $P(10) = 1020$, $P(15) = 1030$ usw.

b) $P(t + \Delta t) = P(t) + PZ(t; t + \Delta t) - PA(t; t + \Delta t)$
$PZ(t; t + \Delta t) = z \cdot [P(t)]^2 \cdot \Delta t$
$PA(t; t + \Delta t) = a \cdot P(t) \cdot \Delta t$
Für $P(0) = 1000$, $z = 0{,}0004$, $a = 0{,}02$, $\Delta t = 5$ erhält man zB $P(5) = 2900$, $P(10) = 19\,430$, $P(15) = 772\,537$, usw.

8.17 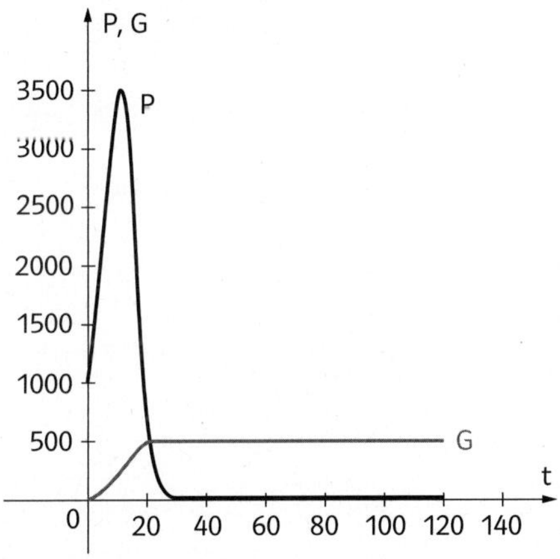

P nimmt zunächst zu (wie beim unbeschränkten exponentiellen Wachstum), da am Anfang nur wenig Gifte vorhanden sind. Mit der Zeit steigt die Bevölkerungszahl und damit auch (überproportional) die Anzahl der Gifte. Irgendwann „kippt“ das Gleichgewicht und durch die Gifte übersteigt die Gesamtabflussrate die Zuwachsrate, und die Bevölkerungszahl sinkt. Man beachte, dass zwar dann mit sinkender Bevölkerungszahl die Giftzunahmerate sinkt, aber die vorhandene Giftmenge nicht sinken kann (GZ kann nur positiv oder Null sein, ein GA existiert nicht). Irgendwann ist die Giftzunahmerate sehr klein (wenn nur mehr sehr wenig Bevölkerung vorhanden ist), die Giftmenge bleibt daher beinahe gleich.

8.18 Angenommen es herrscht Gleichgewicht, dh. die Zuflussraten und Abflussraten der beiden Bestand größen B und R sind gleich. Dann gilt:

$BZ(t; t+\Delta t) = BA_1(t; t+\Delta t) + BA_2(t; t+\Delta t)$ und $RZ_1(t; t+\Delta t) + RZ_2(t; t+\Delta t) = RA(t; t+\Delta t) \Leftrightarrow$

$\Leftrightarrow \Delta t \cdot a \cdot B(t) = \Delta t \cdot u \cdot B(t) + \Delta t \cdot v \cdot B(t) \cdot R(t)$ und $\Delta t \cdot r \cdot R(t) + \Delta t \cdot s \cdot B(t) \cdot R(t) = \Delta t \cdot b \cdot R(t) \Leftrightarrow$

$\Leftrightarrow a = u + v \cdot R(t)$ und $r + s \cdot B(t) = b \Rightarrow R(t) = \frac{a-u}{v}$ und $B(t) = \frac{b-r}{s}$

Für die angegebenen Werte ergibt sich $R(t) = 100$, $B(t) = 4000$.

8.19 $v = 0{,}016$, $s = \frac{1}{7500} = 0{,}0001\dot{3}$

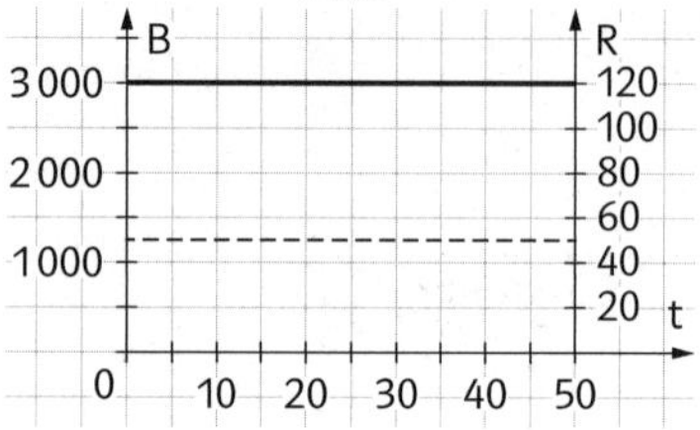

8.20 a)

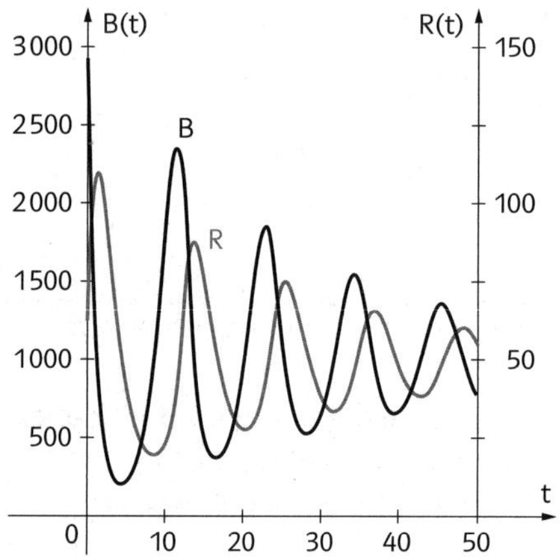

c)

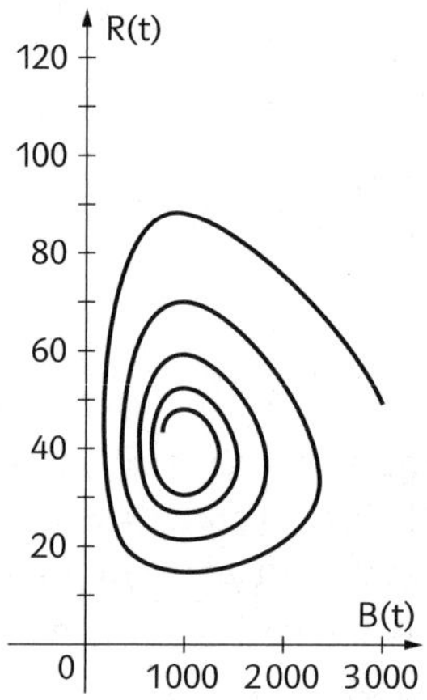

b)

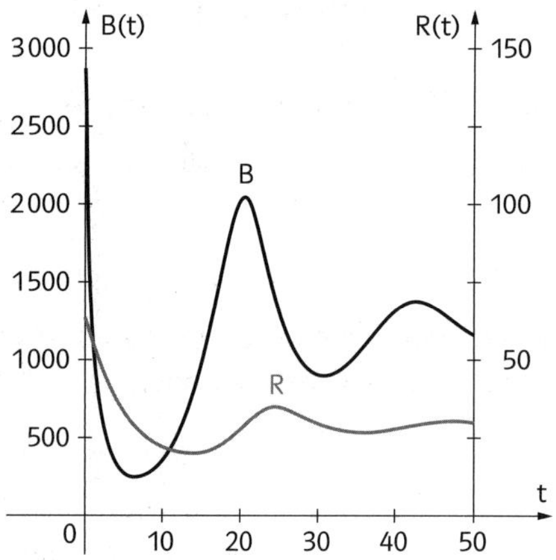

d)

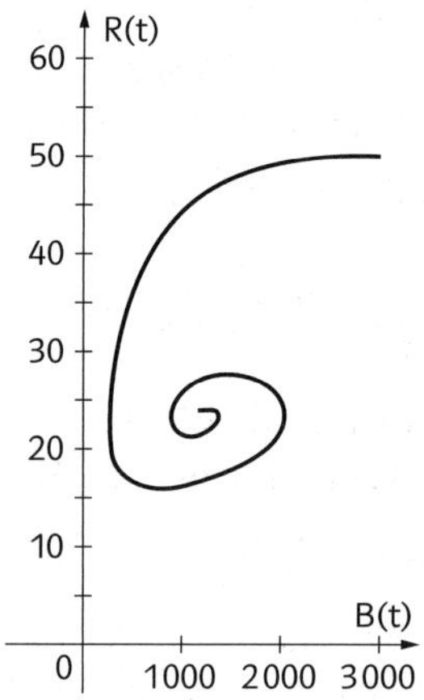

10 Maturavorbereitung: Algebra und Geometrie

10.01

Aussage	trifft zu
Die Zahl $\sqrt{9}$ ist eine natürliche Zahl.	☒
Die Zahl 2π ist keine komplexe Zahl.	☐
Die Zahl $-3 \cdot 10^{-7}$ ist eine ganze Zahl.	☐
Die Zahl $0,\dot{9}$ ist keine natürliche Zahl.	☐
Die Zahl $\frac{14}{5}$ ist eine rationale Zahl.	☒

10.02

	Variable	Term	Gleichung
2π	☐	☒	☐
$V = a \cdot b \cdot h$	☐	☐	☒
y	☒	☒	☐
$x + 1$	☐	☒	☐
$\sin x$	☐	☒	☐
$a^2 + b^2 = c^2$	☐	☐	☒
$4s + 3t - 89$	☐	☒	☐

10.03

Aussage	trifft zu
Eine Ware wird zuerst um p% verteuert und anschließend um p% verbilligt. Sie kostet dann gleich viel wie zu Beginn.	☐
Eine Firma möchte dem Käufer einer Ware 10% Rabatt gewähren, jedoch dabei keinen Verlust erleiden. Sie muss den Preis daher um ca. 11,1% anheben.	☒
Eine Ware wird zuerst um p% verteuert und anschließend um p% verbilligt. Sie kostet dann 150€. Der ursprüngliche Preis war höher als 150€.	☒
Eine Ware wird zuerst um p% und anschließend um 2p% verteuert. Sie ist insgesamt um 3p% verteuert worden.	☐
Eine Ware wird um p% teurer und kostet dann 100€. Sie war vorher um p% billiger als 100€.	☐

10.04 $R = \frac{R_1 R_2}{R_1 + R_2}$, $R_1 = \frac{R R_2}{R_2 - R}$, $R_2 = \frac{R R_1}{R_1 - R}$

10.05 Nein. Die Gleichung $m = 2b$ gibt an, dass die Zahl der Mädchen doppelt so groß ist wie die der Buben, daher können sich in der Halle nicht mehr Buben als Mädchen befinden.

10.06 $x^2 + 8x = -16$; $x = -4$

10.07 $b^2 = 4ac$

10.08 eine reelle Lösung für $k = -5 \lor k = -1$
zwei reelle Lösungen für $k > -5 \land k \neq -1$
keine reelle Lösung für $k < -5$

10.09 eine reelle Lösung für $k = -\frac{2}{3}$
zwei reelle Lösungen für $k > -\frac{2}{3}$
keine reelle Lösung für $k < -\frac{2}{3}$

10.10 genau zwei Nullstellen für $a < -2\sqrt{2} \lor a > 2\sqrt{2}$
genau eine Nullstelle für $a = -2\sqrt{2} \lor a = 2\sqrt{2}$
keine Nullstelle für $-2\sqrt{2} < a < 2\sqrt{2}$

10.11 genau zwei Nullstellen für $a^2 > 4b$
genau eine Nullstelle für $a^2 = 4b$
keine Nullstelle für $a^2 < 4b$

10.12 Frage: Ab wie viel verbrauchten GB ist Tarif 1 günstiger als Tarif 2?
Antwort: Bei mehr als 4 GB ist Tarif 1 günstiger als Tarif 2.

10.13 Ansatz: $\begin{cases} 3x + 2y = 14 \\ 4x + 5y = 28 \end{cases}$
Halbfertigprodukt 1: 2 Mengeneinheiten, Halbfertigprodukt 2: 4 Mengeneinheiten

10.14 Ansatz: $\begin{cases} 0{,}8x + 0{,}95y + 0{,}8z = 0{,}9 \cdot 60 \\ 0{,}2x + 0{,}1z = 0{,}05 \cdot 60 \\ 0{,}05y + 0{,}1z = 0{,}05 \cdot 60 \end{cases}$
Legierung A: 10 kg, Legierung B: 40 kg, Legierung C: 10 kg

10.15 $G = P \cdot B + 0{,}8 \cdot P \cdot (L_1 + L_2 - B) = P \cdot [B + 0{,}8 \cdot (L_1 + L_2 - B)]$
Endergebnis: 267 078,60 €

10.16 $A = (-2|3)$, $B = (3|-2)$, $\vec{a} = (2|1)$, $\vec{b} = (1|2)$

10.17 $A = (3|-3|-3)$, $B = (3|3|-3)$, $C = (-3|3|-3)$, $D = (-3|-3|-3)$,
$E = (3|-3|3)$, $F = (3|3|3)$, $G = (-3|3|3)$, $H = (-3|-3|3)$,
$\overrightarrow{AG} = (-6|6|6)$, $\overrightarrow{BH} = (-6|-6|6)$, $\overrightarrow{CE} = (6|-6|6)$, $\overrightarrow{DF} = (6|6|6)$

10.18 Ja, A, B und C liegen auf einer Geraden, da $\overrightarrow{AB} \parallel \overrightarrow{AC}$.

10.19 1) ja, $h_2 = -6$, da $(-5|3) \parallel (10|-6)$
2) nein, da $(4|-7)$ nicht auf der Geraden g liegt.

10.20 $a = -4$

10.21

	identisch	parallel, nicht identisch	schneiden einander in einem Punkt	normal zueinander
A	☐	☐	☒	☐
B	☒	☐	☐	☐
C	☐	☐	☒	☒
D	☐	☐	☒	☐

10.22 $r \cdot (-3|2)$ mit $r \in \mathbb{R}^*$

10.23 Steigung $= \tan 19{,}3° \approx 0{,}35 = 35\,\%$

10.24 $\tan\alpha = 1{,}2 \Rightarrow \alpha \approx 50{,}2°$

10.25 Inhalt der Dachfläche $= d \cdot \left(\frac{a}{\sin\delta} + \sqrt{b^2 + \left(c - \frac{a}{\tan\delta}\right)^2}\right)$

10.26 $h_1 = \frac{a \cdot \tan\delta}{2}$, $s = \frac{a}{2} \cdot \sqrt{1 + \tan^2\delta}$, $h_2 = \frac{1}{2}\sqrt{a^2(1 + \tan^2\delta) - b^2}$, $h = \frac{1}{2}\sqrt{a^2 \cdot \tan^2\delta - b^2}$, $V = \frac{ab}{6}\sqrt{a^2 \cdot \tan^2\delta - b}$

10.27

	sin α ist dargestellt	cos α ist dargestellt	0 < α < 90°	90° < α < 180°	180° < α < 270°	270° < α < 360
A	☒	☐	☐	☒	☐	☐
B	☐	☒	☒	☐	☐	☒
C	☒	☐	☐	☐	☐	☒

10.28

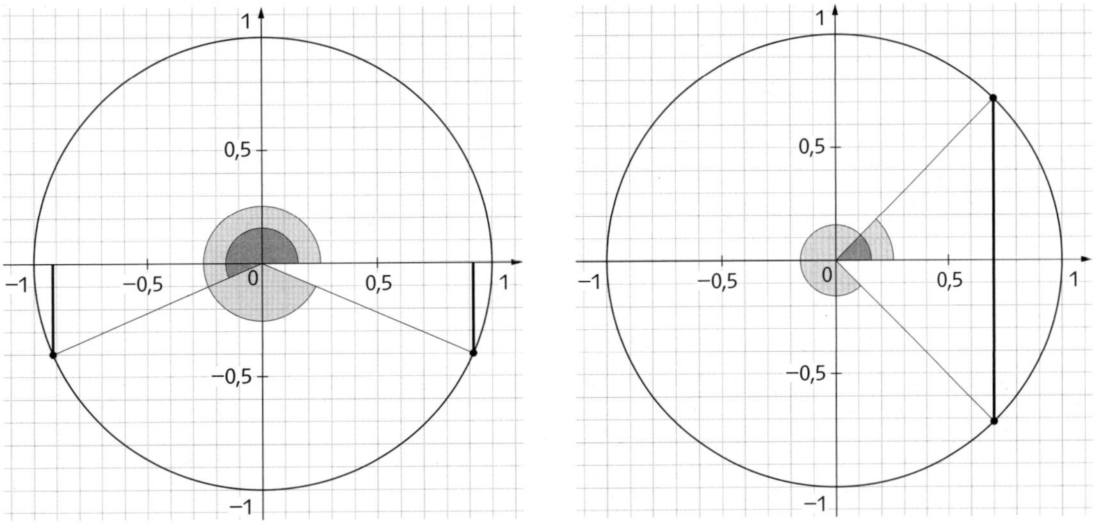

10.29

Drehwinkel:	375°	400°	820°	1080°
Polarwinkel	40°	15°	0°	100°

10.30 **a)** Ja, denn seien $\frac{a}{b}$ und $\frac{c}{d}$ zwei rationale Zahlen mit $a, c \in \mathbb{Z}$ und $b, d \in \mathbb{N}^*$, dann liegt die Zahl $\frac{1}{2} \cdot \left(\frac{a}{b} + \frac{c}{d}\right)$ genau in der Mitte zwischen $\frac{a}{b}$ und $\frac{c}{d}$.

Diese Zahl ist rational, denn es gilt:

$\frac{1}{2} \cdot \left(\frac{a}{b} + \frac{c}{d}\right) = \frac{1}{2} \cdot \frac{ad + bc}{bd} = \frac{ad + bc}{2bd}$ mit $(ad + bc) \in \mathbb{Z}$ und $2bd \in \mathbb{N}^*$.

b) ZB: Gäbe es keine irrationalen Zahlen, dann könnte man einer Diagonalen in einem Quadrat mit der Seitenlänge 1 keine Länge zuordnen.

c) a^2 nicht, da zB $(\sqrt{2})^2 = 2$

$a + b$ nicht, da zB $2 - \sqrt{2} + 2 + \sqrt{2} = 4$

$a \cdot b$ nicht, da zB $\sqrt{2} \cdot \sqrt{8} = 4$

d) Nein, da sowohl Summe als auch Produkt in Bruchdarstellung angeschrieben werden können. Sind $a, c \in \mathbb{Z}$ und $b, d \in \mathbb{N}^*$, dann liegt:

$\frac{a}{b} + \frac{c}{d} = \frac{ad + bc}{bd}$ mit $(ad + bc) \in \mathbb{Z}$ und $bd \in \mathbb{N}^*$

$\frac{a}{b} \cdot \frac{c}{d} = \frac{ac}{bd}$ mit $ac \in \mathbb{Z}$ und $bd \in \mathbb{N}^*$

e) Ja, zB $\sqrt{2}$.

10.31 **a)** 105 Bretter

b) 3 075 mm = 3,075 m

c) Es kann nicht nur Bretter der Dicke 25 mm geben. Denn in diesem Falle wäre $b = 0$ und somit $a = 105$. Dann ist aber die zweite Gleichung nicht erfüllt.
Es kann auch nicht nur Bretter der Dicke 35 mm geben. Denn in diesem Falle wäre $a = 0$ und somit $b = 105$. Dann ist aber ebenfalls die zweite Gleichung nicht erfüllt.

d) 60 Bretter der Dicke 25 mm, 45 Bretter der Dicke 35 mm

10.32 **a)** $a = 16$, $b = -25$;
Lösung der ersten Gleichung: $\frac{3}{4}$; Lösungen der zweiten Gleichung: $\frac{3}{4}$ und $\frac{4}{3}$

b) ZB: $\left(x-\frac{3}{4}\right)^2 \cdot \left(x-\frac{4}{3}\right)^2 = 0$ bzw. $144x^4 - 600x^3 + 913x^2 - 600x + 144 = 0$

c)

Aussage	trifft zu
Die Gleichung hat für $0 < a < 16$ genau zwei Lösungen in $\mathbb{R}$.	☒
Die Gleichung hat für $a = 16$ genau eine Lösung in $\mathbb{R}$.	☒
Die Gleichung hat für alle $a \in \mathbb{R}^*$ die Lösung $x = 0$.	☐
Die Gleichung hat für $a < 0$ keine Lösung in $\mathbb{R}$.	☐
Die Gleichung hat für alle $a \in \mathbb{R}^*$ mindestens eine Lösung in $\mathbb{R}$.	☐

10.33 a) Das Gleichungssystem hat beispielsweise
- genau eine reelle Lösung für $a = 14$ und $b = 6$,
- keine reelle Lösung für $a = -6$ und $b = 1$,

b) Das Gleichungssystem hat beispielsweise
- genau eine reelle Lösung für $c = 24$ und $d = -38$,
- keine reelle Lösung für $c = 24$ und $d = -39$.

c) A: unendlich viele reelle Lösungen für $a = -6$ und $b = -14$
B: Unendlich viele reelle Lösungen sind nicht möglich (weil eine Parabel und eine Gerade höchstens zwei Schnittpunkte haben).

d) A: zwei Geraden, B: eine Gerade und eine Parabel

10.34 a)

	Lösung	keine Lösung	Begründung
$\left(\frac{1}{2} \middle\vert -3\right)$	☒	☐	$-3 \leq -3$
$\left(-\frac{1}{2} \middle\vert -1\right)$	☒	☐	$-5 \leq -3$
$(0 \mid -1)$	☐	☒	$-2 > -3$

b)

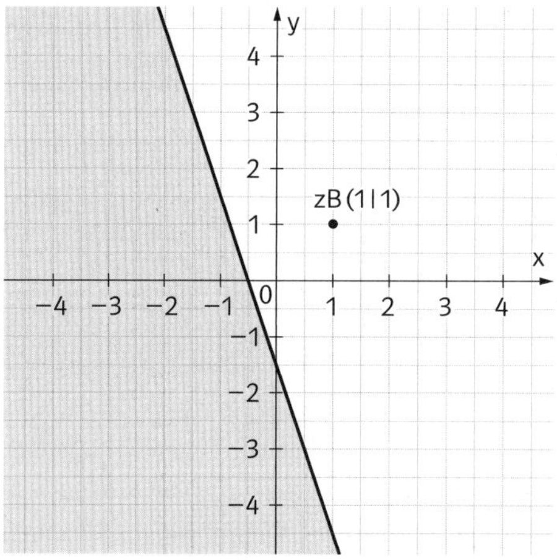

c) $a \leq -7{,}5$ Die Ungleichung $6 \cdot 2 + 2 \cdot a \leq -3$ ist nur für $a \leq -7{,}5$ richtig.

10.35 a) Für $a = 2$ ergeben sich die Lösungen $x = -1 \lor x = 0$. Dies steht nicht im Widerspruch zum Grad 3, da die Anzahl der Lösungen einer Gleichung dritten Grades auch kleiner als 3 sein kann.

b) genau eine Lösung in $\mathbb{N}$, $\mathbb{Z}$, $\mathbb{Q}$ und $\mathbb{R}$ (in $\mathbb{N}$ ohne zu rechnen)
genau drei Lösungen in $\mathbb{C}$

10.36 a) Höhendifferenz $= h_2 - h_1$

b) ca. 26,2 %

c) Nein, weil das Seil zwischen den Stützen durchhängt.

10.37 **a)** $u = 2nr \cdot \sin\left(\frac{180°}{n}\right)$, $A = nr^2 \cdot \sin\left(\frac{180°}{n}\right) \cdot \cos\left(\frac{180°}{n}\right)$; u verdoppelt, A vervierfacht sich

b) $u = n \cdot a$, $A = n \cdot \frac{a^2}{4\tan\left(\frac{180°}{n}\right)}$; u verdreifacht, A verneunfacht sich

10.38 **a)** Die Rechnung ist nicht korrekt, da das Volumen der ausgehobenen Erde gleich $0{,}5 \cdot 28 \cdot \tan 5° \cdot 28 \cdot 22 \approx 754{,}5\ (m^3)$ ist und es somit bei einer Kapazität von $37\,m^3$ pro LKW nur etwas mehr als 20 Fuhren gewesen sein können.

b) Dann könnte die Rechnung stimmen, da das Volumen ca. $906\,m^3$ beträgt und sich so knapp 25 Fuhren ausgehen.

10.39 **a)** Da sich die Seiten wie 3 : 4 : 5 verhalten, gibt es ein $k \in \mathbb{R}^+$, sodass $a = 3k$, $b = 4k$ und $c = 5k$ ist. Zeigen Sie: $a^2 + b^2 = c^2$, also $(3k)^2 + (4k)^2 = (5k)^2$!

b) $a = 12$, $b = 16$, $c = 20$, $\alpha \approx 36{,}9°$, $\beta \approx 53{,}1°$, $\gamma = 90°$, $h_a = 16$, $h_b = 12$, $h_c \approx 9{,}6$

10.40 **a)** $T = \frac{1}{2} \cdot (A + B)$

b) $T = \frac{1}{a+b} \cdot (b \cdot A + a \cdot B)$

c) $T = \frac{1}{1+m} \cdot (A + m \cdot B)$, $m > 0$

d) $T = \frac{1}{m-1} \cdot (m \cdot B - A)$, $m > 1$

10.41 **a)** $L = L_1 + L_2 = (2780 \mid 2795 \mid 1872 \mid 1701 \mid 2836 \mid 2669)$

b) $G = (L_1 + L_2) \cdot P = 18\,889{,}41$ (€)

c) Gesamtmasse $= (L_1 + L_2) \cdot M = 348\,330$ (g)

d) Restbestand für die einzelnen Gewürze in beiden Lagern zusammen $L_1 + L_2 - B = (1550 \mid 1695 \mid 972 \mid 901 \mid 886 \mid 1169)$

e) Gesamteinnahme für die bestellten Packungen; reelle Zahl; $B \cdot P = 9703{,}20$ (€)

f) Gesamtwert des Restbestands; reelle Zahl; $(L_1 + L_2 - B) \cdot P = 9186{,}21$ (€)

10.42 **a)** Trapez

$\overrightarrow{AB} = (8 \mid -2)$, $\overrightarrow{BC} = (-2 \mid 5)$, $\overrightarrow{DC} = (4 \mid -1)$, $\overrightarrow{AD} = (2 \mid 4)$

$\overrightarrow{AB} \parallel \overrightarrow{DC}$ und $\overrightarrow{BC} \nparallel \overrightarrow{AD} \Rightarrow$ Trapez

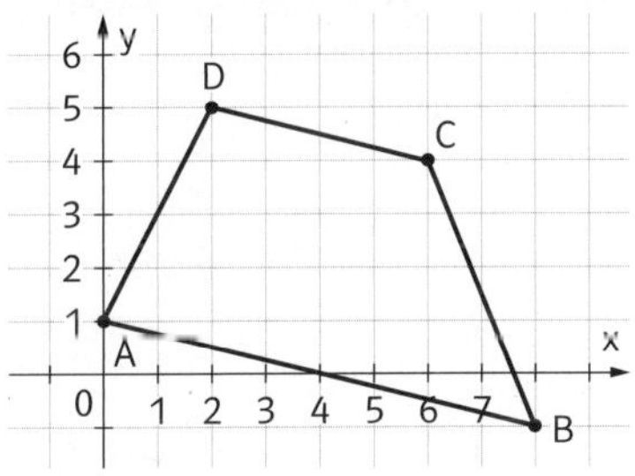

b) $C = (10 \mid 3)$

c) $C = (10 \mid 7)$, $D = (2 \mid 9)$

10.43 **a)** $\overrightarrow{CS} = \frac{1}{3}\vec{a} + \frac{1}{3}\vec{b} - \vec{c}$

b) **Hinweis:** Zeigen Sie beispielsweise: $\overrightarrow{S_{ABC}S_{CBD}} = \frac{1}{3}\overrightarrow{AD}$
Für die anderen Fälle gilt Analoges.

10.44 **a)** $\overrightarrow{SA} + \overrightarrow{SB} + \overrightarrow{SC} = \vec{o}$

b) $A = 3S - B - C$, $B = 3S - A - C$, $C = 3S - A - B$

c) $S_{ABC} = S_{PQR} = \frac{1}{3} \cdot (A + B + C)$

10.45 a) Parallelogramm. Drücken Sie P, Q, R, S durch A, B, C, D aus und zeigen Sie, dass $\overrightarrow{PQ} = \overrightarrow{SR}$!

b) Ja, das Viereck ist ein Paralleogramm.

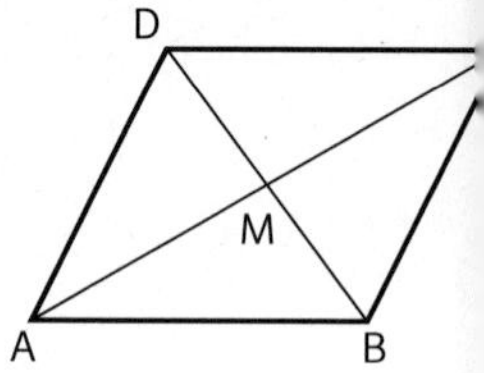

Beweis: Sei M der Schnittpunkt der Diagonalen des Vierecks ABCD.
Dann gilt:
Diagonalen halbieren einander ⇒
$\Rightarrow \overrightarrow{AM} = \overrightarrow{MC} \wedge \overrightarrow{BM} = \overrightarrow{MD} \Rightarrow$
$\Rightarrow M - A = C - M \wedge M - B = D - M \Rightarrow$
$\Rightarrow M - A - (M - B) = C - M - (D - M) \Rightarrow$
$\Rightarrow B - A = C - D \Rightarrow \overrightarrow{AB} = \overrightarrow{DC} \Rightarrow$
⇒ ABCD ist ein Parallelogramm.

c) Drücken Sie P, Q, R, S durch A, B, C, D aus und berechnen Sie die Summe!

10.46 a) $M_{AC} = M_{BD} = (7|7{,}5|3) \Rightarrow$ ABCD ist ein Parallelogramm.

b) $\overrightarrow{AB} \cdot \overrightarrow{AD} \neq 0 \Rightarrow$ ABCD ist kein Rechteck.

c) $X = (-3|6|-8) + t \cdot (20|3|22)$;
Jedem Parameterwert t entspricht genau ein Punkt auf der Geraden und umgekehrt.

d)

Aussage	trifft zu
Jedes Rechteck ist ein Parallelogramm.	☒
In einem Parallelogramm ABCD gilt stets $\overrightarrow{AB} \cdot \overrightarrow{CD} \neq 0$.	☒
In einem Parallelogramm gilt stets $\overrightarrow{AC} \cdot \overrightarrow{BD} = 0$.	☐
Sind die Vektoren $\overrightarrow{AB}$ und $\overrightarrow{DC}$ nicht parallel, dann ist das Viereck ABCD kein Trapez.	☐
Gilt $\overline{AB} = \overline{CD}$, dann ist das Viereck ABCD ein Parallelogramm.	☐

10.47 1) Zeigen Sie: $\overrightarrow{AB} \cdot \overrightarrow{BC} = 0$
$A = (9|3|12)$, $B = (3|11|36)$, $C = (-1|-1|39)$, $D = (5|-9|15)$, $E = (321|-75|116)$,
$F = (315|-67|140)$, $G = (311|-79|143)$, $H = (317|-87|119)$; $V = 114\,244$

2) $A = (9|3|12)$, $B' = (-3|19|60)$, $C' = (-11|-5|66)$, $D' = (1|-21|18)$, $E' = (633|-153|220)$,
$F' = (621|-137|268)$, $G' = (613|-161|274)$, $H' = (625|-177|226)$; auf das Achtfache

11 Maturavorbereitung: Funktionale Abhängigkeiten

11.01 ☒ ☐ ☐ ☒ ☐

11.02 ☒ ☐ ☒
☐ ☒

11.03 ☐ ☐ ☐ ☒
☐ ☒ ☐ ☐
☐ ☐ ☒ ☐

11.04

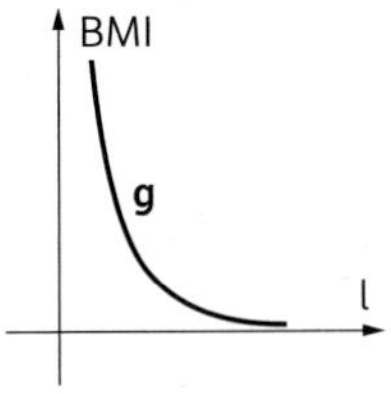

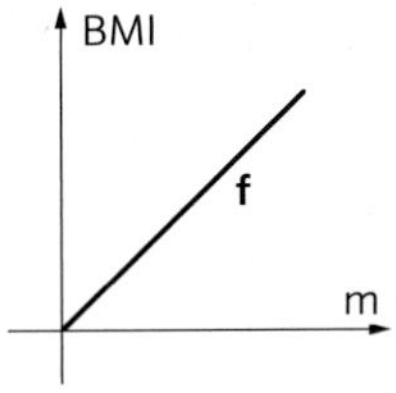

11.05

x	$f_1(x)$
−1	4
0	3
1	2
2	1

x	$f_2(x)$
−1	4
0	3
1	2
2	−5

x	$f_3(x)$
−1	2
0	3
1	2
2	1

x	$f_4(x)$
−1	2
0	3
1	2
2	−1

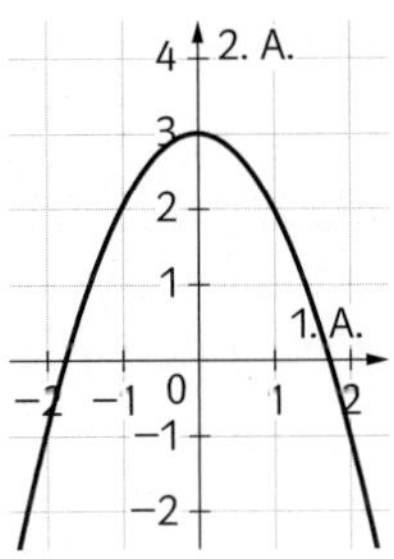

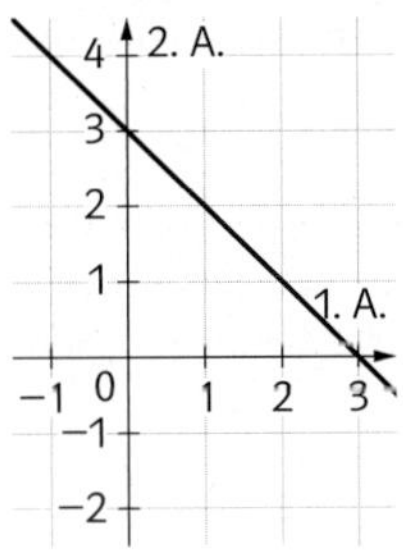

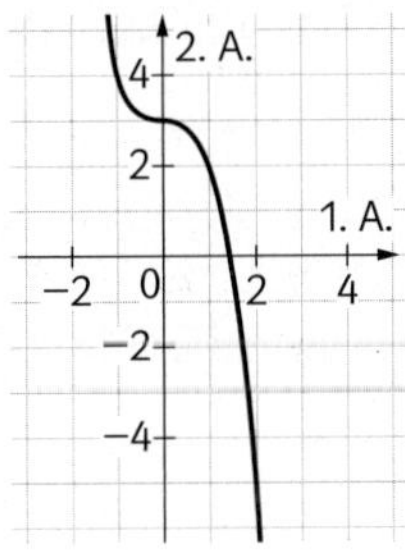

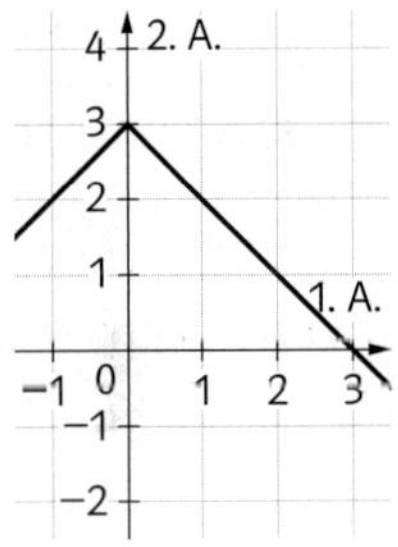

11.06

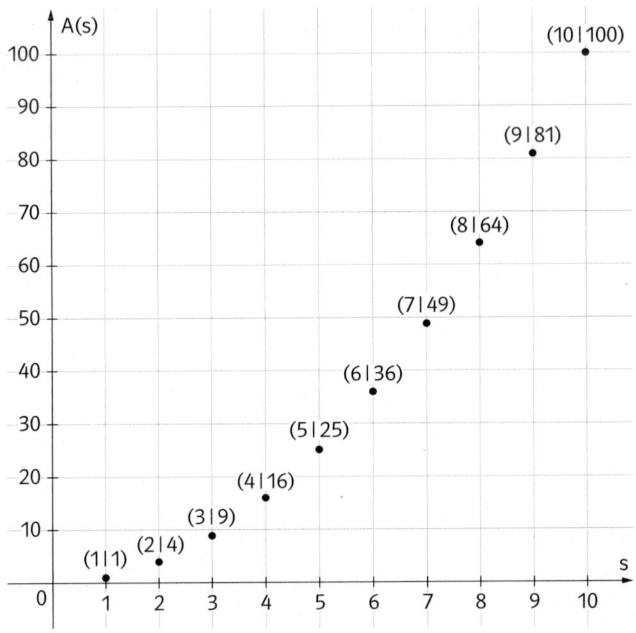

s	A(s)
1	1
2	4
3	9
4	16
5	25
6	36
7	49
8	64
9	81
10	100

11.07

f	g	h
☐	☐	☐
☒	☐	☐
☐	☐	☐
☐	☒	☐
☐	☒	☐
☐	☐	☐
☒	☐	☒
☐	☒	☐
☐	☐	☒
☒	☒	☐
☐	☒	☐

11.08 q gerade: streng monoton fallend in $]-\infty; 0]$, streng monoton steigend in $[0; \infty[$
q ungerade: streng monoton steigend in $\mathbb{R}$

11.09 q gerade: streng monoton steigend in $\mathbb{R}^-$, streng monoton fallend in $\mathbb{R}^+$
q ungerade: streng monoton fallend in $\mathbb{R}^-$ und streng monoton fallend in $\mathbb{R}^+$

11.10 ☐ ☐ ☐
☐ ☒ ☐
$k \cdot x^{-1} = k \cdot x^{-2} \Rightarrow x^2 = x \Rightarrow x = 1, f(1) = g(1) = k \Rightarrow S = (1 \mid k)$

11.11 **A**
Gleiche Zunahme der Argumente bewirkt eine Verminderung der Funktionswerte mit dem gleichen Faktor. Daher erfolgt die Abnahme zuerst schnell, dann immer langsamer.

11.12 **(B)**, **(E)**, **(D)**

11.13

A	B	C	D	E	F	G	H	I	J	K
		☒	☒	☒		☒				
					☒				☒	
☒								☒		
				☒		☒				☒
	☒			☒			☒		☒	
			☒							
			☒			☒				

11.14 $V(t) = 200\,000 - 150\,t$

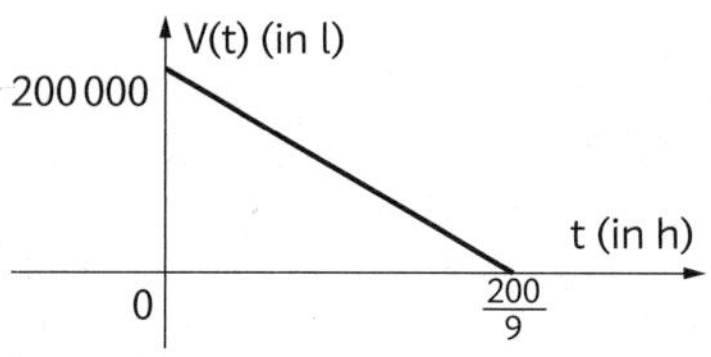

11.15 ☒ ☐ ☐ ☐ ☒

11.16 $f(c) = 1{,}8 \cdot c + 32$

11.17

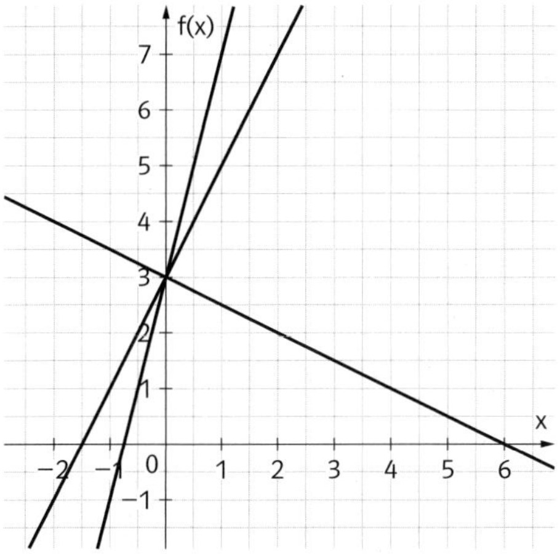

Alle Graphen gehen durch den Punkt (0 | 3). Mit wachsendem k dreht sich der Graph um den Punkt (0 | 3) entgegen dem Uhrzeigersinn.

11.18

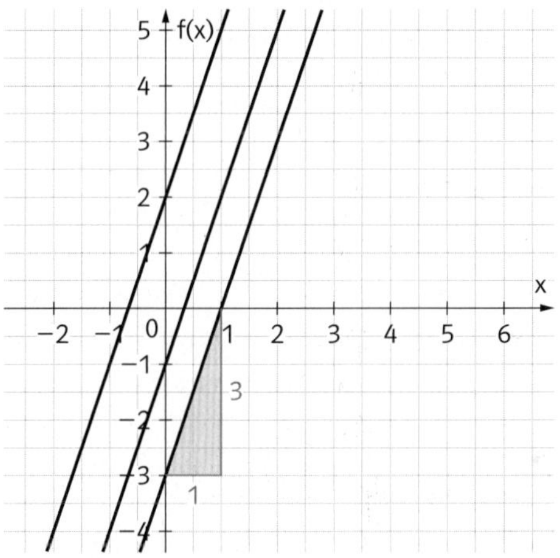

Alle Graphen haben die Steigung 3. Mit wachsendem d verschiebt sich der Graph parallel in Richtung der positiven 2. Achse.

11.19 7,2 m/s

11.20 Nein. Der Grund dafür könnte ein Mengenrabatt sein.

11.21 $u(a) = 4 \cdot a$

11.22

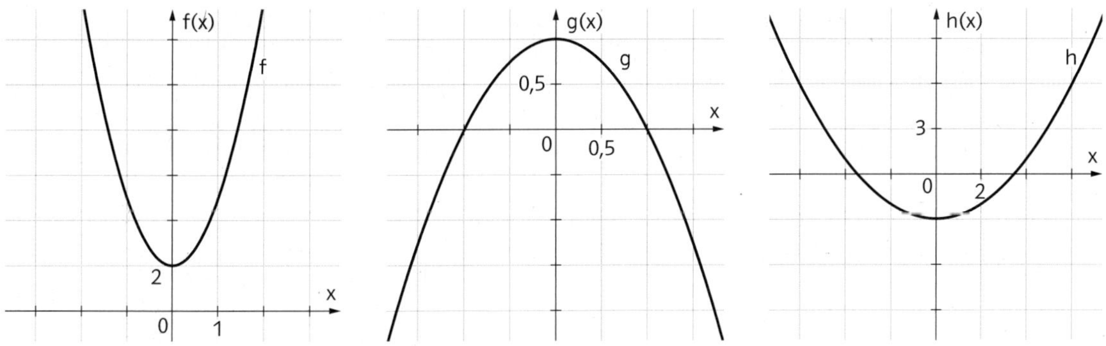

11.23 ☐ ☒ ☒ ☐ ☐

11.24 $a = 3,\; b = 4$

11.25

☐ ☒
☒ ☐
☐ ☒
☐ ☒

11.26

☐
☒
☐
☐
☒

11.27 $K(x) = \frac{2000}{x}$

11.28

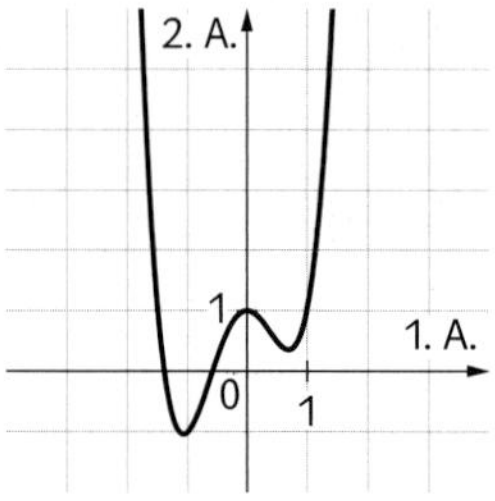

Grad 4

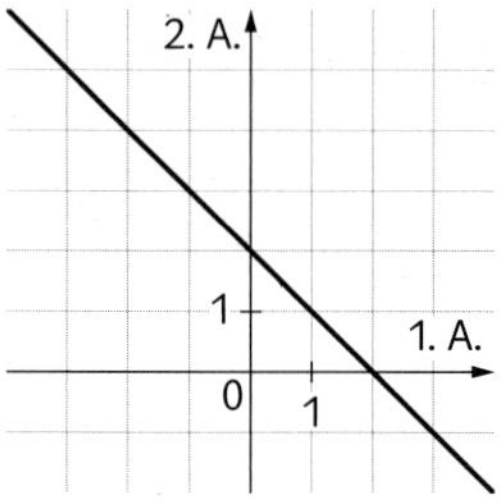

Grad 1

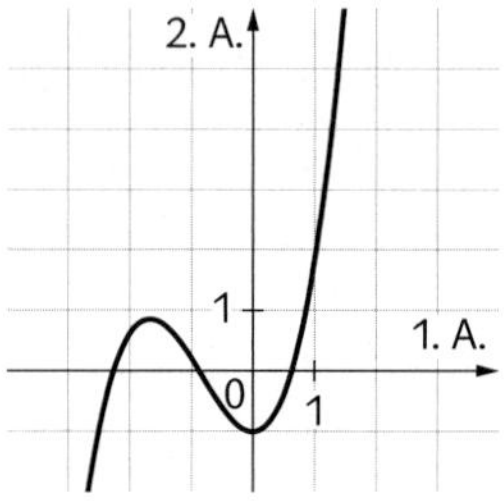

Grad 3

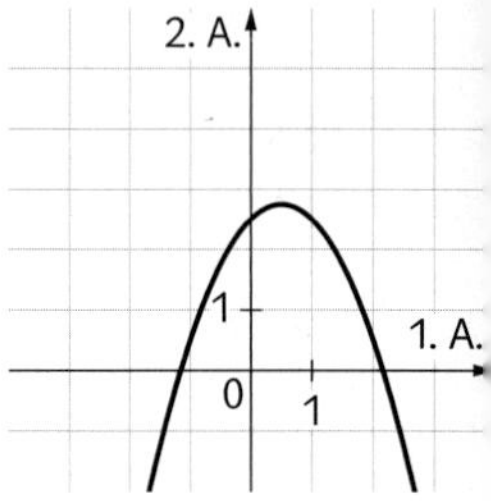

Grad 2

11.29

☒ ☐ ☐
☐ ☐ ☒
☐ ☒ ☐

11.30

t	h(t)
0	4150
2	3650
5	4150
7	4000
10	4750

11.31

Aussage	Graph	Begründung
$a < 0$, daher hat die Parabel einen Hochpunkt.	☐ A ☒ B ☐ C	☒ Die Funktionswerte werden für wachsende Abstände der Argumente von der Scheitelstelle immer kleiner. ☐ Es gilt stets: $f(x) = f(-x)$. ☐ Es gilt: $f(0) = 0$.
$b = 0$, daher verläuft der Graph der Funktion symmetrisch zur 2. Achse.	☐ A ☐ B ☒ C	☐ Die Funktionswerte werden für wachsende Abstände der Argumente von der Scheitelstelle immer kleiner. ☒ Es gilt stets: $f(x) = f(-x)$. ☐ Es gilt: $f(0) = 0$.
$c = 0$, daher verläuft der Graph der Funktion durch den Punkt $O = (0 \mid 0)$.	☒ A ☐ B ☐ C	☐ Die Funktionswerte werden für wachsende Abstände der Argumente von der Scheitelstelle immer kleiner. ☐ Es gilt stets: $f(x) = f(-x)$. ☒ Es gilt: $f(0) = 0$.

11.32 Die **größtmögliche** Anzahl der Nullstellen von f beträgt **n**.
Die **größtmögliche** Anzahl der lokalen Extremstellen von f beträgt **n − 1**.
Die **größtmögliche** Anzahl der Wendestellen von f beträgt **n − 2**.

11.33 $A(t) = 150 \cdot 1{,}05^t$

11.34

f_1:	☒ ja	☐ nein	
f_2:	☐ ja	☒ nein	Eine Exponentialfunktion nimmt nur positive oder nur negative Werte an.
f_3:	☐ ja	☒ nein	Eine Exponentialfunktion ist stets streng monoton.
f_4:	☒ ja	☐ nein	
f_5:	☐ ja	☒ nein	Eine Exponentialfunktion kann nicht positive und negative Werte annehmen und ist außerdem auf ganz ℝ definiert.

11.35

Form $f(x) = c \cdot a^x$	Form $f(x) = c \cdot e^{\lambda \cdot x}$		
$a > 1$	☐ $\lambda < 0$	☐ $\lambda = 0$	☒ $\lambda > 0$
$0 < a < 1$	☒ $\lambda < 0$	☐ $\lambda = 0$	☐ $\lambda > 0$
$a = 1$	☐ $\lambda < 0$	☒ $\lambda = 0$	☐ $\lambda > 0$

11.36 $c = 5,\ a = 1{,}2$

11.37 2 375 Bq

11.38 Ja. Es liegt das Modell einer exponentiellen Abnahme zugrunde.

11.39 $a = 2,\ b = 4,\ s(t) = 2 \cdot \sin(4 \cdot t)$

11.40 $b = 0{,}5$

11.41 $f_1(x) = \sin(2 \cdot x)$, kleinste Periode: π $f_3(x) = 2 \cdot \sin(x)$, kleinste Periode: 2π
$f_2(x) = \sin\left(\frac{x}{2}\right)$, kleinste Periode: 4π $f_4(x) = \sin(b \cdot x)$, kleinste Periode: $\frac{2\pi}{b}$

11.42
☒
☐
☐
☐
☒
☐

11.43 $g(x) = 3 \cdot \sin\left(x + \frac{\pi}{2}\right)$

11.44

Die Funktion f mit $f(x) = \sin x$ hat an der Stelle π eine Wendestelle, …	… da $f\left(\frac{\pi}{2}\right) = 0$.
Die Funktion f mit $f(x) = \sin x$ hat an der Stelle $\frac{\pi}{2}$ eine lokale Maximumstelle, …	… da $f'(\pi) = 0$ und $f''(\pi) > 0$.
Die Funktion f mit $f(x) = \cos x$ hat an der Stelle π eine lokale Minimumstelle, …	… da $f''\left(\frac{\pi}{2}\right) = 0$ und $f'''\left(\frac{\pi}{2}\right) \neq 0$.
Die Funktion f mit $f(x) = \sin x$ hat an der Stelle π eine Nullstelle, …	… da $f'\left(\frac{\pi}{2}\right) = 0$ und $f''\left(\frac{\pi}{2}\right) < 0$.
Die Funktion f mit $f(x) = \cos x$ hat an der Stelle $\frac{\pi}{2}$ eine Nullstelle, …	… da $f''(\pi) = 0$ und $f'''(\pi) \neq 0$.
Die Funktion f mit $f(x) = \cos x$ hat an der Stelle $\frac{\pi}{2}$ eine Wendestelle, …	… da $f(\pi) = 0$.

11.45 a) 1) $N(t) = 0{,}07578 \cdot t + 3{,}042$ (t = Jahre nach 1960, N(t) in Mrd.)

Jahr	1960	1970	1980	1990	2000	2010
Bevölkerungszahl in Mrd.	3,042	3,800	4,558	5,315	6,073	6,831

2) $N(t) \approx 3{,}042 \cdot 1{,}01631^t$ (t = Jahre nach 1960, N(t) in Mrd.)

Jahr	1960	1970	1980	1990	2000	2010
Bevölkerungszahl in Mrd.	3,042	3,576	4,204	4,943	5,811	6,831

b) Zwischen der Zeit t (in Jahren nach 1960) und der Jahreszahl T besteht der Zusammenhang: $t = T - 1960$. Daraus folgt: $N(T) \approx 3{,}042 \cdot 1{,}01631^{T-1960}$
Man erhält diese Formel aus der Formel $N(t) \approx 3{,}042 \cdot 1{,}01631^t$, indem man die Variable t auf der linken Seite durch T und auf der rechten Seite durch $T - 1960$ ersetzt.

c) **Exponentielles Wachsen**: Gleiche Zunahme der Argumente bewirkt Zunahme der Funktionswerte mit dem gleichen Faktor bzw. dem gleichen Prozentsatz.
$N(t) = c \cdot a^t$ (a ist der jährliche Wachstumsfaktor.)
Lineares Wachsen: Gleiche Zunahme der Argumente bewirkt gleiche Zunahme der Funktionswert
$N(t) = k \cdot t + d$ (k ist der jährliche Zuwachs.)

d) Der Satz ist mit einem linearen Modell vereinbar, aber nicht mit einem exponentiellen Modell.
Für $N(t) = k \cdot t + d$ $(k > 0, d \geq 0)$ ist $\frac{N(t+1) - N(t)}{N(t)} = \frac{1}{k \cdot t + d}$ und für $N(t) = c \cdot a^t$ $(c > 0, a > 1)$ ist $\frac{N(t+1) - N(t)}{N(t)} = a - 1$. Die jährliche relative Zunahme sinkt also bei linearem Wachsen, aber nicht bei exponentiellem Wachsen.

11.46 a) Legt man eine Gerade durch den Anfangs- und Endpunkt, so weicht diese nur wenig vom vorgegebenen Graphen ab.
$E(t) = \frac{23}{11} \cdot t + 113$ (t = Jahre nach 1995, E(t) in PJ)
Zu erwartender Energiebedarf im Jahr 2020: $E(25) \approx 165{,}3$ (PJ)
Die Prognose ist unsicher, weil sich der Energieverbrauch in den nächsten Jahren aufgrund vieler Faktoren (zusätzlicher Bedarf, Einsparungen usw.) ändern kann.

b) absolute Zunahme des Energieverbrauchs von 1995 bis 2006 ≈ 23 PJ
mittlere Zunahme des Energieverbrauchs von 1995 bis 2006 ≈ 2,09 PJ
Der Energieverbrauch erhöhte sich ungefähr auf das 1,2-Fache.
Beleuchtung und EDV: ca. 5,44 PJ
Raumheizung und Klimaanlagen: ca. 51,272 PJ
Dampferzeugung: ca. 3,264 PJ
Industrieöfen: ca. 16,456 PJ
Standmotoren: ca. 13,6 PJ
Traktion: ca. 45,968 PJ
elektrochemische Zwecke: ca. 0,136 PJ

11.47 a) $K(n) = 400 \cdot n + 12\,000$

b) $E(n) = 600 \cdot n$

c) Ab dem 61. Stück verzeichnet die Firma einen Gewinn.

d) K, E und G = E – K sind lineare Funktionen, die streng monoton steigend sind.
Die Kosten steigen mit jedem Stück um 400 €, der Erlös steigt mit jedem Stück um 600 €, der Gewinn um 200 €.

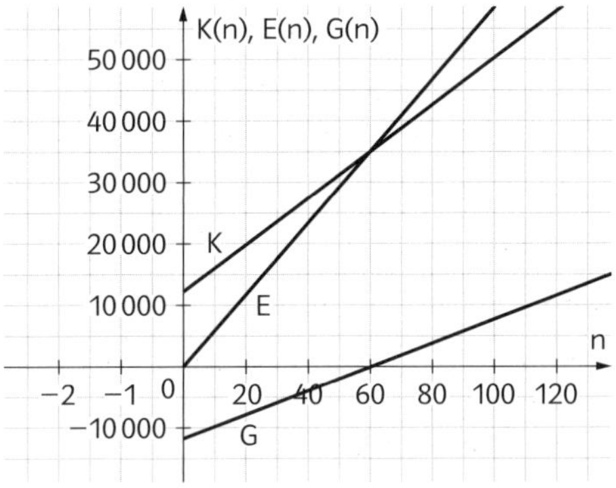

11.48 a)
☒ Die Funktion u ist eine lineare Funktion.
☐ Die Funktion u ist eine direkte Proportionalitätsfunktion.
☒ Für die Steigung k der Funktion u gilt: $k > 0$.
☐ Die Steigung k der Funktion u ist $\frac{7-4}{u(7)-u(4)} = \frac{3}{17-11} = \frac{3}{6} = \frac{1}{2}$.
☒ Die Steigung k der Funktion u ist $\frac{u(7)-u(4)}{7-4} = \frac{17-11}{3} = \frac{6}{3} = 2$.
☒ Vergrößert man a um 1, dann nimmt u(a) um 2 zu.
☐ Verdoppelt man a, dann verdoppelt sich u.

b) $c = 3$. Für $0 < a \leq 1{,}5$ wäre $2 \cdot a \leq c$ und damit würde kein Dreieck vorliegen.

11.49 a)

Parkdauer	Preis
unter 1 Stunde	gratis
am Beginn der 2. Stunde	2 €
am Beginn der 3. Stunde	6 €
am Beginn der 4. Stunde	10 €
am Beginn der 5. Stunde	14 €
am Beginn der 6. Stunde	20 €
am Beginn der 7. Stunde	20 €
am Beginn der 8. Stunde	20 €
am Beginn der 9. Stunde	20 €
am Beginn der 10. Stunde	20 €
am Beginn der 11. Stunde	20 €
am Beginn der 12. Stunde	20 €

b) 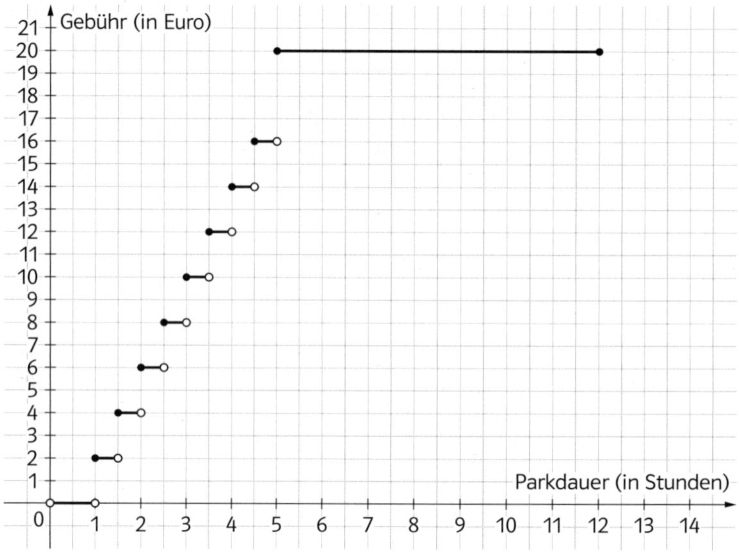

c) zu Beginn der 6. Stunde

d) Wenn man mindestens eine Stunde parkt, ist es ungünstig, zu Beginn einer halben Stunde oder kurz danach auszufahren (Gebührensprung mindestens 2 €). Am ungünstigten ist es, am Beginn der 6. Stunde auszufahren (Gebührensprung 4 €).

11.50 a) D; ja; kleinste Periode: 1 b) D c) C

11.51 a) Der jährliche Zuwachs ist einigermaßen konstant.
$A(t) = 6035{,}5 \cdot t + 6936$ (t in Jahren nach 2001, A(t) in Quadratmeter)
Im Jahr 2002 lag der Gesamtflächeninhalt etwas über dem Modellwert, in den Jahren 2003 und 2004 etwas darunter.
mittlerer jährlicher Zuwachs = $6035{,}5\,m^2$

b) Die Annahme widerlegt eine exponentielle Entwicklung. Denn ausgehend von den Daten in den Jahren 2000 und 2009 ergibt sich für die Anzahl B(t) der Arbeitsplätze:
$B(t) \approx 11000 \cdot 1{,}251758649^t$ (t in Jahren nach 2000)
Nach diesem Modell wären aber bereits im Jahr 2012 mehr als 150 000 Beschäftigte in der deutschen Solarbranche tätig.

11.52 a) Für das abgebildete Koordinatensystem gilt: $f(x) = -\frac{6}{125}x^2 + 30$

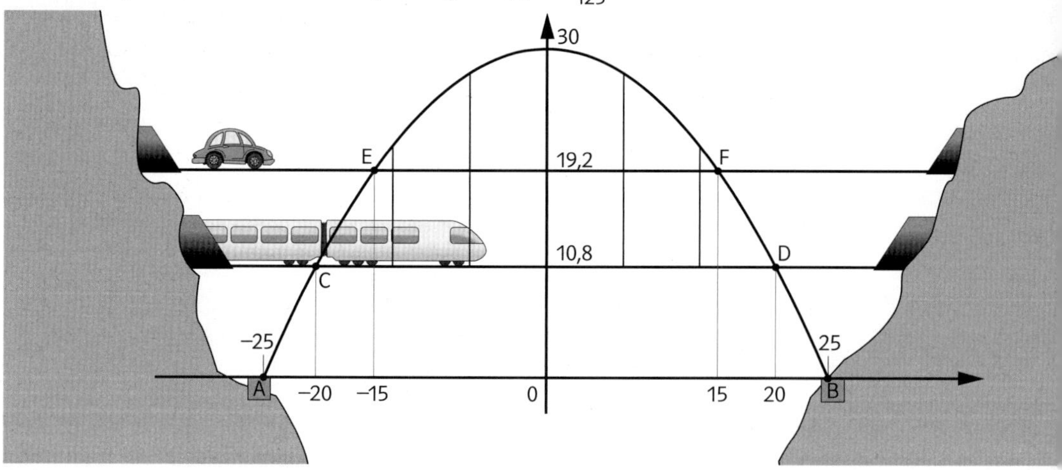

b) $\overline{CD} = 40\,m$

c) 8,4 m

11.53 **a)** Die Graphen haben die Form von Parabeln (nach oben offen für $a > 0$, nach unten offen für $a < 0$). Eine solche Funktion f kann höchsten zwei Nullstellen haben, da eine quadratische Gleichung der Form $ax^2 + bx + c = 0$ mit $a \neq 0$ höchstens zwei Lösungen haben kann.

b) genau zwei Nullstellen $\Leftrightarrow a < -2\sqrt{2} \lor a > 2\sqrt{2}$
genau eine Nullstelle $\Leftrightarrow a = -2\sqrt{2} \lor a = 2\sqrt{2}$
keine Nullstelle $\Leftrightarrow -2\sqrt{2} < a < 2\sqrt{2}$

c) genau zwei Nullstellen $\Leftrightarrow a^2 > 4b$
genau eine Nullstelle $\Leftrightarrow a^2 = 4b$;
keine Nullstelle $\Leftrightarrow a^2 < 4b$

11.54 **a)** Ja! Beweis: $f(x+1) = a^{x+1} = a^x \cdot a = a \cdot f(x)$

b) (1) gilt nicht für alle $x, y \in \mathbb{R}$; $f(x+y) = a^{x+y} = a^x \cdot a^y$, aber $f(x) + f(y) = a^x + a^y$
(2) gilt nicht für alle $x, y \in \mathbb{R}$; $f(x \cdot y) = a^{x \cdot y}$, aber $f(x) \cdot f(y) = a^x \cdot a^y = a^{x+y}$
(3) gilt für alle $x, y \in \mathbb{R}$; $f(x+y) = a^{x+y} = a^x \cdot a^y = f(x) \cdot f(y)$
(4) gilt nicht für alle $x, y \in \mathbb{R}$; $f(x \cdot y) = a^{x \cdot y}$, aber $f(x) + f(y) = a^x + a^y$

c) Die Graphen von f und g sind symmetrisch bezüglich der 2. Achse. Zeigen Sie dazu, dass für alle $x \in \mathbb{R}$ gilt: $f(x) = g(-x)$

11.55 **a)** Das Spiegelbild ist nicht Graph einer Funktion, weil jedem $x > 1$ zwei Punkte auf dem Spiegelbild entsprechen.

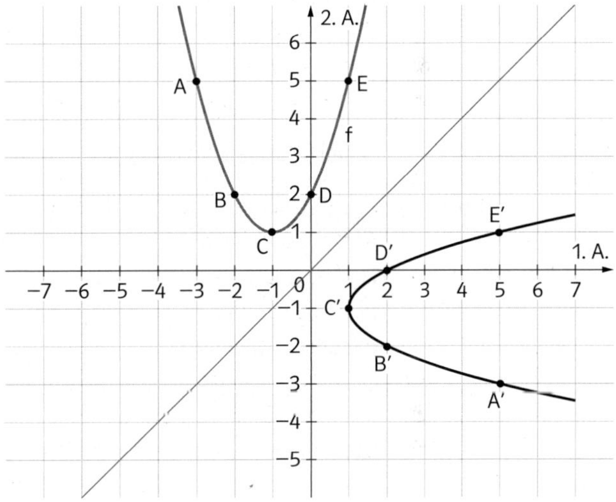

b) $A' = (5|-3)$, $B' = (2|-2)$, $C' = (1|-1)$, $D' = (2|0)$, $E' = (5|1)$
Der Spiegelpunkt des Punktes $(x|y)$ ist der Punkt $(y|x)$.

c) Erste Möglichkeit:
f: $[-1; \infty[\rightarrow \mathbb{R}$ mit $f(x) = x^2 + 2x + 2$
$\bar{f}$: $[1; \infty[\rightarrow \mathbb{R}$ mit $\bar{f}(x) = -1 + \sqrt{x-1}$

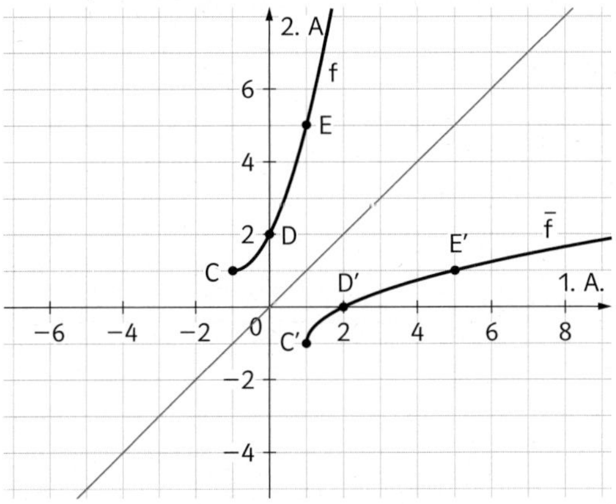

Zweite Möglichkeit:
f: $]-\infty; -1] \rightarrow \mathbb{R}$ mit $f(x) = x^2 + 2x + 2$
$\bar{f}$: $[1; \infty[\rightarrow \mathbb{R}$ mit $\bar{f}(x) = -1 - \sqrt{x-1}$

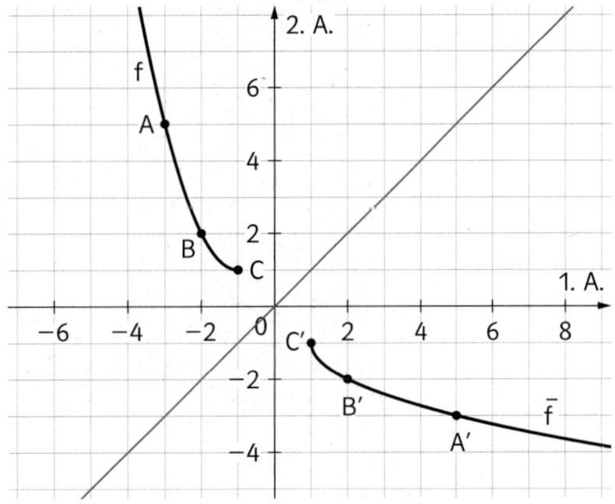

d)

	wahr	falsch
Ist g streng monoton steigend, dann ist auch $\overline{g}$ streng monoton steigend.	☒	☐
Der Graph von g schneidet die 1. Mediane in den gleichen Punkten wie der Graph von $\overline{g}$.	☒	☐
Ist g für $x \geqslant 2$ definiert, dann ist auch $\overline{g}$ für $x \geqslant 2$ definiert.	☐	☒
Gilt $g(x) \geqslant a$ für alle $x \in \mathbb{R}$, dann ist $\overline{g}(x) \geqslant -a$.	☐	☒
Es gibt eine Funktion g mit $g = \overline{g}$.	☒	☐

11.56 a) Der Graph von s geht aus dem Graphen der Cosinusfunktion durch eine Streckung mit dem Faktor 2 in Richtung der 2. Achse und anschließende Stauchung mit dem Faktor $\frac{1}{3}$ in Richtung de 1. Achse hervor. Die Amplitude wird doppelt so groß, die Frequenz wird dreimal so groß.

b) kleinste Periode: $\frac{2\pi}{3}$ = Schwingungsdauer von s

11.57 a) Definitionsbereich $\approx [-273{,}15; \infty[$
Der linke Rand entspricht dem absoluten Nullpunkt ($0\,K = -273{,}15\,°C$) (es gibt keine tieferen Temperaturen).

b) Wenn T von $-273{,}15\,°C$ aus wächst, wird der Unterschied zwischen $\overline{c}$ und c zunächst kleiner, bei 0 °C gleich 0 und dann wieder größer.
$\overline{c}(75) = 376{,}5$; $c(75) \approx 374{,}3$; der Unterschied beträgt ca. 2,2 m/s.

c) Ja, denn $\overline{c}(-100) - c(-100) \approx 7{,}57$ und $\overline{c}(100) - c(100) \approx 4{,}04$. Der Fehler beträgt also höchstens ca. 7,6 m/s.

d)

Eigenschaft	trifft für c und $\overline{c}$ zu
Alle Funktionswerte im gesamten Definitionsbereich sind positiv.	☐
Der Funktionswert an der Stelle 0 ist 331,5.	☒
Der Graph ist im gesamten Definitionsbereich rechtsgekrümmt.	☐
Der Graph ist im gesamten Definitionsbereich streng monoton steigend.	☒
Gleiche Zunahme der Argumente bewirkt gleiche Zunahme der Funktionswerte.	☐

11.58 a) Der Regen war um 0 Uhr stark, nahm dann bis 12 Uhr ab (zuerst rasch, dann immer langsamer). Anschließend nahm er wieder zu (zuerst langsam, dann immer rascher) und erreichte um 24 Uhr die anfängliche Stärke. Der Regen war um 0 Uhr und um 24 Uhr am stärksten und um 12 Uhr am schwächsten.

b) $V = G \cdot h = 1\,m^2 \cdot 1\,mm = 100\,dm^2 \cdot 0{,}01\,dm = 1\,dm^3 = 1\,l$
Niederschlagsmenge zu Mittag: 75 mm; um 24 Uhr: 150 mm
Vormittag: 75 l; Nachmittag: 75 l; gesamter Tag: 150 l

c) Zeigen Sie: $f(0) = 0$, $f(12) = 75$, $f(24) = 150$, $f'(12) = 0$
$f(18) - f(10) \approx 9{,}72$. Zwischen 10 Uhr und 18 Uhr sind ca. 9,72 l gefallen.

d) Zum Beispiel:

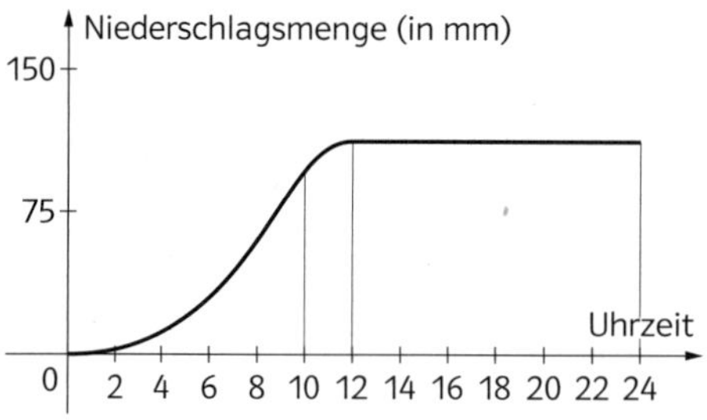

11.59 **a)** Hafen 1: Flutdauer = Ebbedauer = 6 Stunden, Tidedauer = 12 h,
Tidehub = Tidefall = 6 m, Höchststand = 7 m über Normalniveau
Hafen 2: Flutdauer = Ebbedauer = 6 Stunden, Tidedauer = 12 h,
Tidehub = Tidefall = 8 m, Höchststand = 9 m über Normalniveau

b) $h_1(t) \approx 3 \cdot \sin(0{,}52 \cdot t) + 4$
$h_2(t) \approx (-4) \cdot \sin(0{,}52 \cdot t) + 5$
4 = mittlerer Wasserstand von Hafen 1 (in Meter) während einer Tidedauer
5 = mittlerer Wasserstand von Hafen 2 (in Meter) während einer Tidedauer
Beide Termdarstellungen weisen den gleichen Wert b auf, weil die Tidedauer in beiden Häfen gleich groß ist.

12 Maturavorbereitung: Analysis

12.01 absolute Änderung: 2 000, relative Änderung: 0,2 = 20 %

12.02 ☐
☐
☒
☐
☒

12.03 Der Differenzenquotient von f in [1; 7] beträgt $\frac{2}{3}$.
Der Differentialquotient von f an der Stelle 7 beträgt 2.

12.04

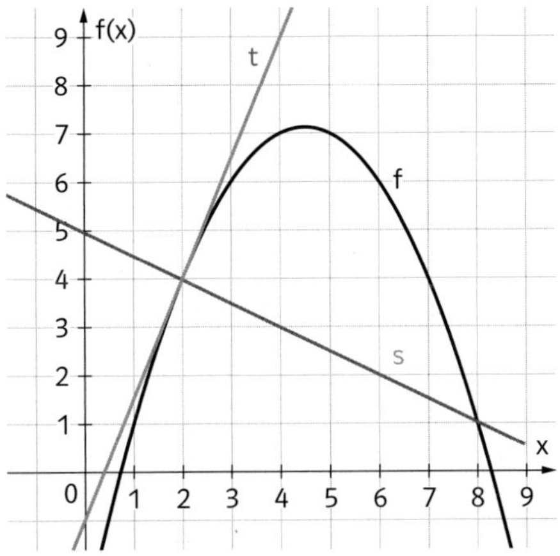

Die mittlere Änderungsrate von f in [2; 8] beträgt −0,5.
Die ungefähre Änderungsrate von f an der Stelle 2 beträgt 2,5.

12.05 ☒
☒
☐
☒
☐

12.06 $\frac{s(0,5) - s(0)}{0,5 - 0} = \frac{6,5 - 0}{0,5} = 13$ (km/h)

12.07 $\frac{E(t + \Delta t) - E(t)}{\Delta t} = k \cdot E(t)$

12.08

	$f'(x) = c$	$f'(x) = c \cdot f(x)$	$f'(x) = -c \cdot f(x)$	$f''(x) = -f(x)$	$f''(x) = c^2 \cdot f(x)$
$f(x) = c \cdot x$	☒	☐	☐	☐	☐
$f(x) = e^{c \cdot x}$	☐	☒	☐	☐	☒
$f(x) = e^{-c \cdot x}$	☐	☐	☒	☐	☒
$f(x) = c \cdot \sin x$	☐	☐	☐	☒	☐
$f(x) = c \cdot \cos x$	☐	☐	☐	☒	☐

12.09 ☒
☐
☐
☐
☒

12.10 $f'(x) = 32x^3 + 6x^2 - 12x + 9$

12.11
☐
☐
☒
☒
☐

12.12 $f(t) = 80 - 2{,}5t^2$ (t in Sekunden, f(t) in Meter)

12.13 f_3' ☒

12.14 f_4' ☒

12.15

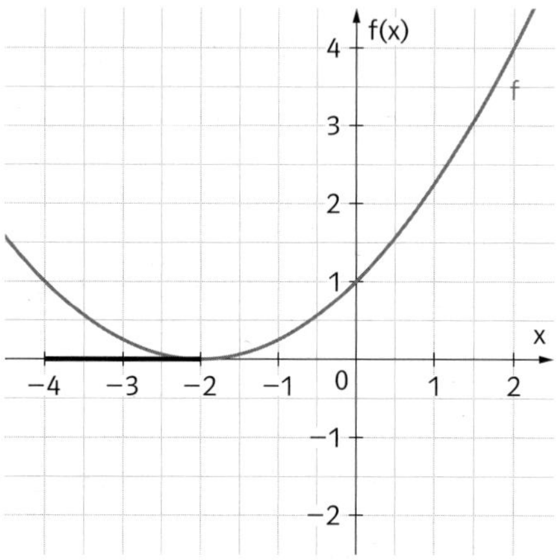

12.16 f_3' ☒

12.17

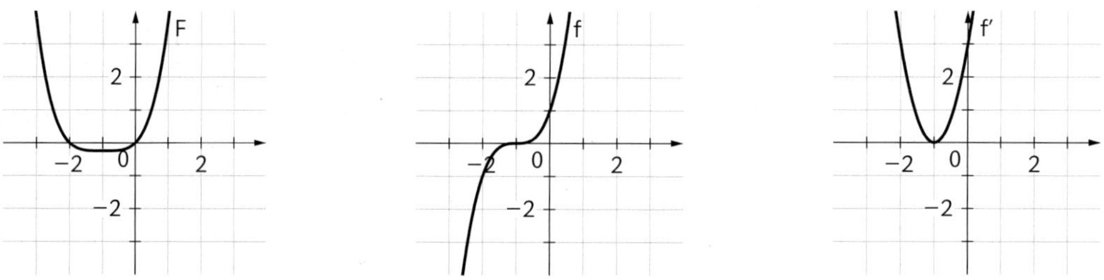

12.18 F_2 ☒ F_4 ☒

12.19
☐
☐
☒
☐
☒

12.20

①	
genau	☒
mindestens	☐
höchstens	☐

②	
genau	☒
mindestens	☐
höchstens	☐

③	
gleich 0	☐
ungleich 0	☒

12.21 $a = -6$

12.22 Kostendegression im Intervall [0; 120], Kostenprogression im Intervall [120; 280]

12.23 5 000 l

12.24 6,5

12.25 99

12.26 Flächeninhalt = 8

12.27 a = 3

12.28
☐
☐
☒
☐
☒

12.29 Länge des im Zeitintervall [a; b] zurückgelegten Weges, da $w(a, b) = \int_a^b v(t)\,dt$.

12.30 90 m

12.31

	A	B	C	keine der Abbildungen
$\int_1^3 (-0{,}5x^2 + 2)\,dx$	☐	☐	☐	☒
$\left\lvert \int_{-3}^{-2} (-0{,}5x^2 + 2)\,dx \right\rvert$	☐	☐	☒	☐
$\int_{-2}^{2} (-0{,}5x^2 + 2)\,dx$	☐	☒	☐	☐
$-\int_{-3}^{-2} (-0{,}5x^2 + 2)\,dx$	☐	☐	☒	☐
$\int_1^2 (-0{,}5x^2 + 2)\,dx + \left\lvert \int_2^3 (-0{,}5x^2 + 2)\,dx \right\rvert$	☒	☐	☐	☐
$2 \cdot \int_0^2 (-0{,}5x^2 + 2)\,dx$	☐	☒	☐	☐
$\left\lvert \int_{-3}^{-2} (-0{,}5x^2 + 2)\,dx \right\rvert + \int_{-2}^{-1} (-0{,}5x^2 + 2)\,dx$	☒	☐	☐	☐

12.32
☐
☒
☒
☒
☐

12.33
☐
☒
☒
☒
☐

12.34 a) b) c) d)

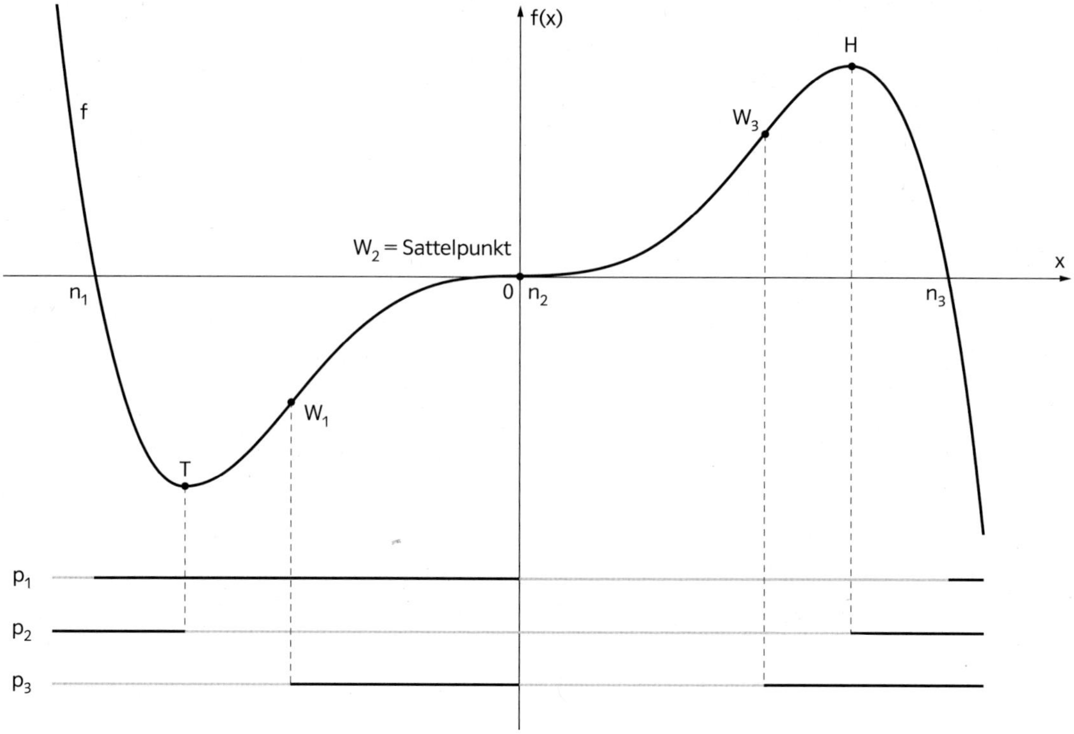

e) f)

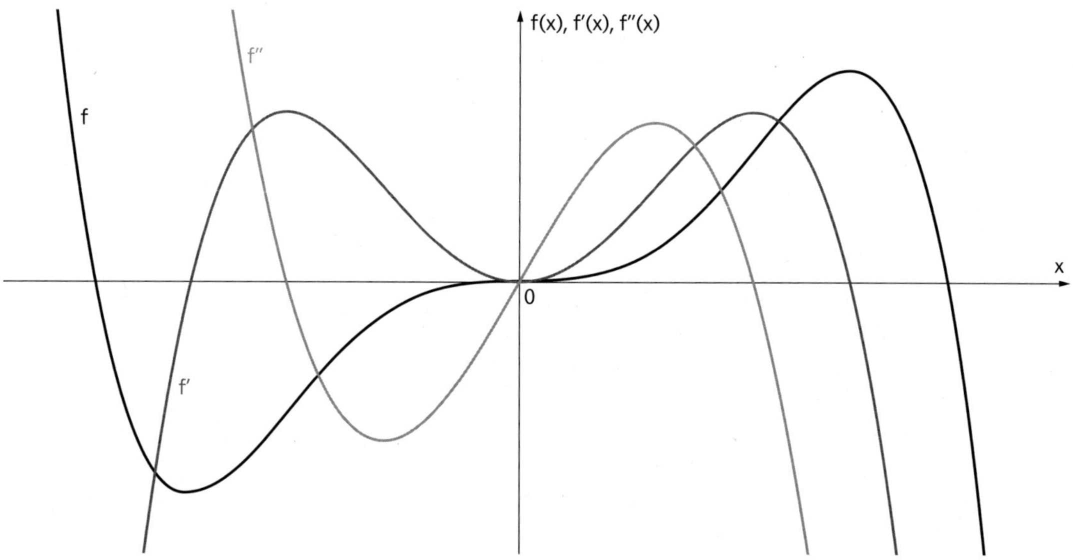

g) Beschriftung der Nullstellen: siehe a)
Beide Integrale sind negativ.

12.35 a) Die Tangente im Punkt $P = (p \mid f(p))$ des Graphen der Funktion f ist die Gerade durch P mit der Steigung $f'(p)$. Nein, nicht unbedingt.

b) $S = (0 \mid -3)$, $y = 8x - 3$

c) $A = (4 \mid 13)$

d) $B = (1 \mid 4)$

12.36 a)

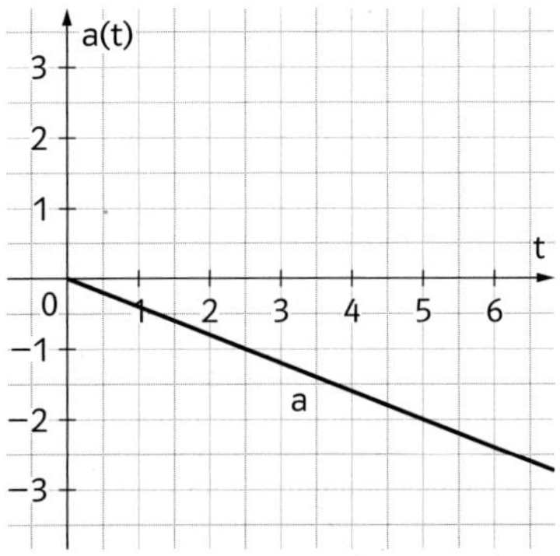

Die Zahl −0,4 gibt die Abnahme der Beschleunigung pro Sekunde an.

b) $v(t) = -0{,}2t^2 + 28{,}8$

Der Graph einer quadratischen Polynomfunktion ist stets eine Parabel.

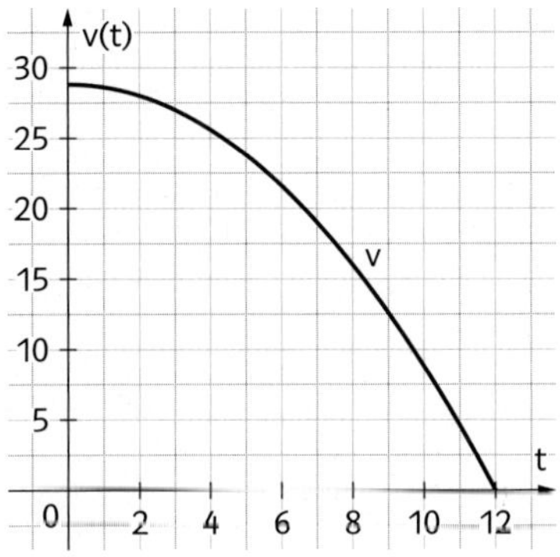

12.37 a) 3 bar

b) 1,5 bar/min

c) zum Zeitpunkt $t = 1$, da $p'(1) > p'(2)$

d) ca. 5,8 bar

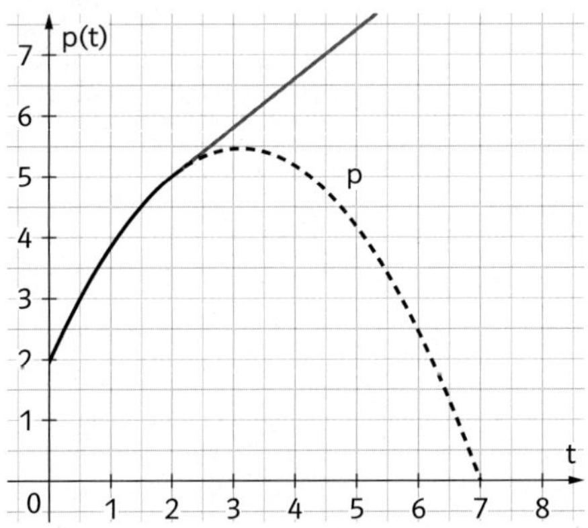

12.38 a) ca. 125 m; in ca. 2,45 s

b) $\bar{v}(t_1; t_2) = \frac{s(t_2) - s(t_1)}{t_2 - t_1}$; $\bar{v}(3; 5) \approx 40$ m/s

c) $v(t) = \lim\limits_{z \to t} \bar{v}(t; z) = \lim\limits_{z \to t} \frac{s(z) - s(t)}{z - t}$; $v(3) \approx 30$ m/s

12.39 a)

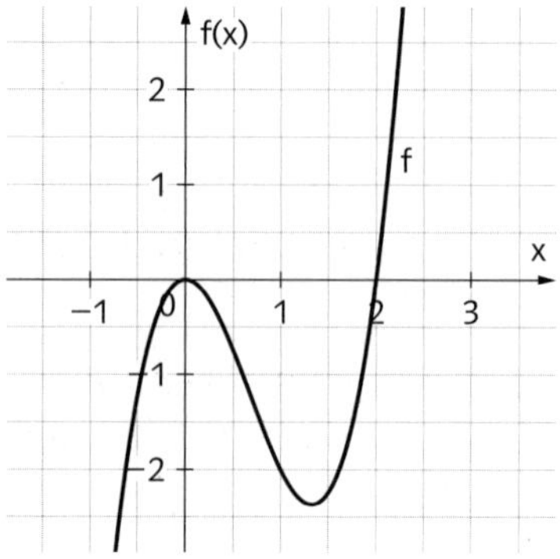

Nullstellen: 0 und 2

b) Flächeninhalt $= \frac{8}{3}$. Nein, da das Integral von f im Intervall [0; 2] gleich $-\frac{8}{3}$ beträgt.

c) $-\int_a^b f$ oder $\left|\int_a^b f\right|$

12.40 a) $\int_{-1}^{1} (x^3 - x)\,dx = 0$

b) Flächeninhalt = 0,5

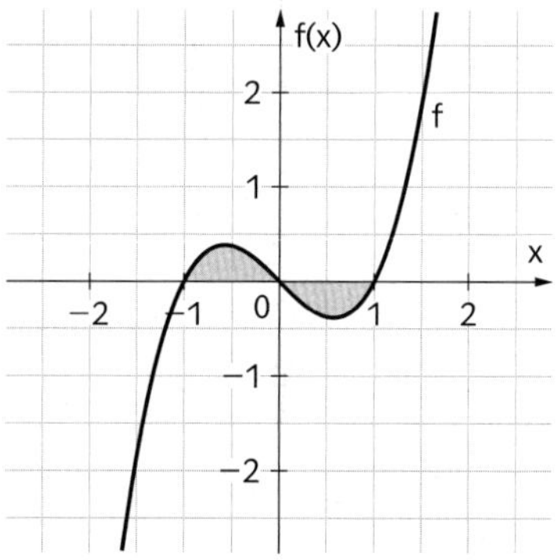

c) Das Integral entspricht nicht dem Flächeninhalt, da f negative und positive Funktionswerte annimmt.

$\int_{-1}^{1} (x^3 - x)\,dx = \int_{-1}^{0} (x^3 - x)\,dx + \int_{0}^{1} (x^3 - x)\,dx$, aber $A(-1; 1) = \int_{-1}^{0} (x^3 - x)\,dx - \int_{0}^{1} (x^3 - x)\,dx$

Analoges Beispiel: $f(x) = \sin(x)$ für $-\pi \leq x \leq \pi$

12.41 a) 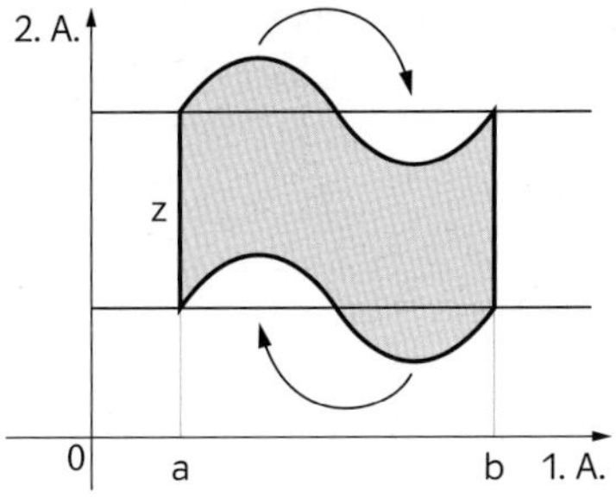

Verschiebt man Teile wie in der Abbildung, erhält man ein Rechteck mit den Seitenlängen b – a und z.

b) Wir zerlegen die Fläche in der rechten Abbildung in dünne Streifen der Breite Δx und bezeichnen den Flächeninhalt eines solchen Streifens mit ΔA. Dann gehen wir in folgenden Schritten vor:
1. Schritt: $\Delta A = z \cdot \Delta x$
2. Schritt: $A = \Sigma \Delta A = \Sigma z \cdot \Delta x$
3. Schritt: Für $\Delta x \to 0$ ergibt sich: $A = \int_a^b z\,dx = z \cdot \int_a^b dx = z \cdot (b - a)$
Dies ist der Flächeninhalt des Rechtecks in der linken Abbildung.

c) linke Abbildung: $A = (b - a) \cdot z$
Der obere Rand entspreche der Funktion f, der untere der Funktion g. Dann gilt:
rechte Abbildung: $A = \int_a^b [f(x) - g(x)]dx = \int_a^b z\,dx = z \cdot \int_a^b dx = z \cdot (b - a)$

12.42 a) Wir teilen das Zeitintervall [a; b] in Teilintervalle der Länge Δx. Die in einem solchen Teilintervall freigesetzte Wärme bezeichnen wir mit ΔW.
1. Schritt: $\Delta W \approx I^2 \cdot R \cdot \Delta x$
2. Schritt: $W(a; b) = \Sigma \Delta W \approx \Sigma I^2 \cdot R \cdot \Delta x$
3. Schritt: Für $\Delta x \to 0$ ergibt sich: $W(a; b) = \int_a^b I^2(t) \cdot R \cdot dt = R \cdot \int_a^b I^2(t)\,dt$

b) $I(t) = \frac{1}{R} \cdot U(t)$; $W(a, b) = \int_a^b \frac{1}{R^2} U^2(t) \cdot R\,dt = \frac{1}{R}\int_a^b U^2(t)\,dt$

12.43 a) Polynomfunktion vom Grad 4

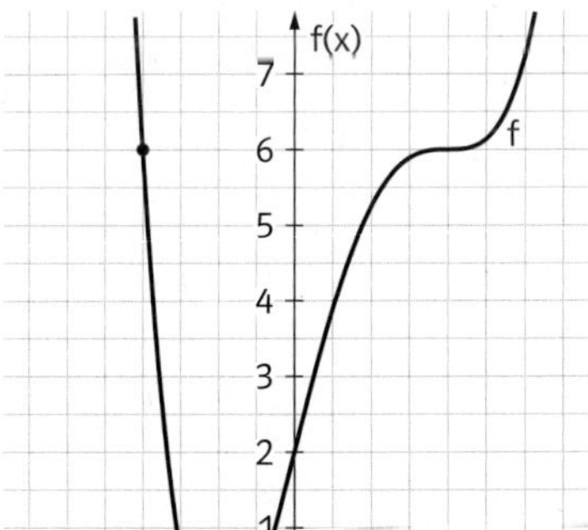

b) $f(-3) = 37{,}25$; $f(-1) = -0{,}75$;
$f(x) \geq f(2) \Leftrightarrow -3 \leq x \leq -2 \vee 2 \leq x \leq 3$

12.44 a) $a(t) = 0{,}2 \cdot t + 0{,}2$

$s(t) = \frac{1}{30} \cdot t^3 + 0{,}1 \cdot t^2$

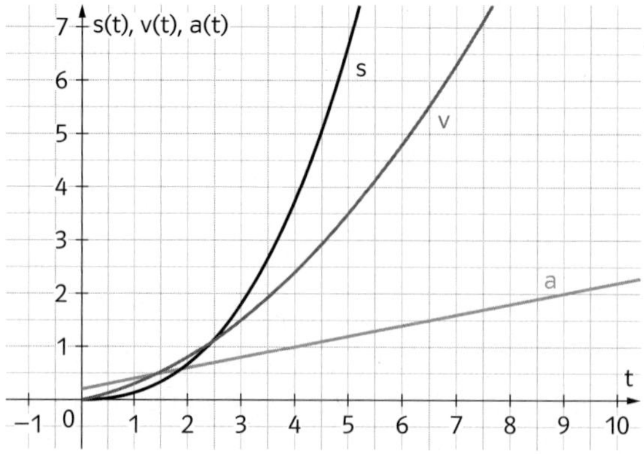

b) mittlere Geschwindigkeit $= \frac{4}{3}$ m/s $\approx 1{,}33$ m/s; $t \approx 2{,}79$ s

c) mittlere Beschleunigung $= 0{,}7$ m/s^2

Die Geschwindigkeit nimmt im Mittel um 0,7 m/s zu.

d) Geschwindigkeitszunahme im Zeitintervall $[0; 5] = \int_0^5 a(t)\,dt = \frac{(1{,}05 + 0{,}15) \cdot 5}{2} = 3\,(\text{m/s})$

12.45 a) $v'(3) = a(3) = 0{,}4$; Der Körper wird gleichmäßig beschleunigt (bewegt sich mit der konstanten Beschleunigung 0,4 m/s^2).

b) Man kann das grün unterlegte Trapez durch ein flächengleiches Rechteck mit den Seitenlängen und 2 ersetzen. Daraus erkennt man, dass die mittlere Geschwindigkeit gleich 2 m/s beträgt.

c) die Länge des in den ersten fünf Sekunden zurückgelegten Weges

d) falsch, in [4; 5] wird ein längerer Weg zurückgelegt als in [0; 1]

e) Parallelverschiebung in Richtung der positiven 2. Achse

f) Der Graph dreht sich um den Punkt (0 | 1) entgegen dem Uhrzeigersinn.

12.46 a) gleichmäßig beschleunigte Bewegung (die Beschleunigung a ist konstant)

b) $\int_0^{10} v(t)\,dt =$ Länge des in den ersten zehn Sekunden zurückgelegten Weges

c) Parallelverschiebung durch (0 | 9); nach 7,5 s

d) Der Graph dreht sich um den Punkt (0 | 6) entgegen dem Uhrzeigersinn.

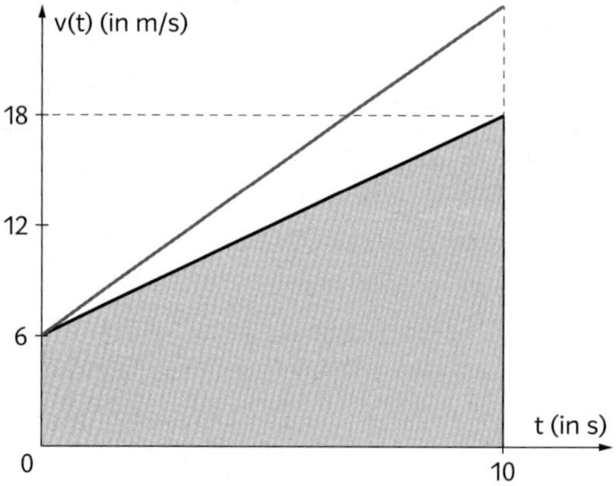

12.47 a)

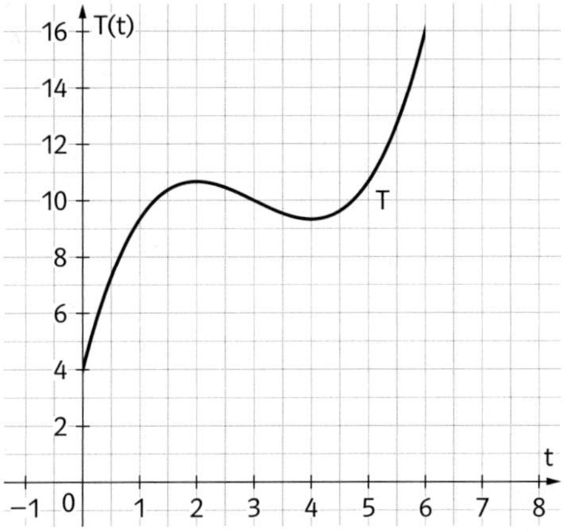

Die Temperatur steigt in den ersten zwei Sekunden, sinkt dann in den nächsten zwei Sekunden leicht ab und steigt danach wieder.

b) absolute Temperaturänderung: 12 °C, relative Temperaturänderung: 3 °C

c) auf das Vierfache; mittlere Änderungsrate: 2 °C/min

d) Die Temperaturänderungsrate nimmt in den ersten drei Sekunden ab und dann bis zur sechsten Sekunde wieder zu. Zu den Zeitpunkten 2 und 4 ist sie null.

e) $T'(0) = 8$ °C/min; das positive Vorzeichen bedeutet Temperaturanstieg; ja: $t = 6$

f) zB [2; 4]

g) $t = 3$

h) in]0; 6]; $d_0(6)$ = mittlere Änderungsrate von T in [0; 6]; $T'(0) = \lim\limits_{t \to 0} d_0(t)$

12.48 a) $f(x) = 0{,}08x^2 + 0{,}3x + 2{,}5$

b) $S = (-1{,}875 \mid 2{,}21875)$

12.49 a)

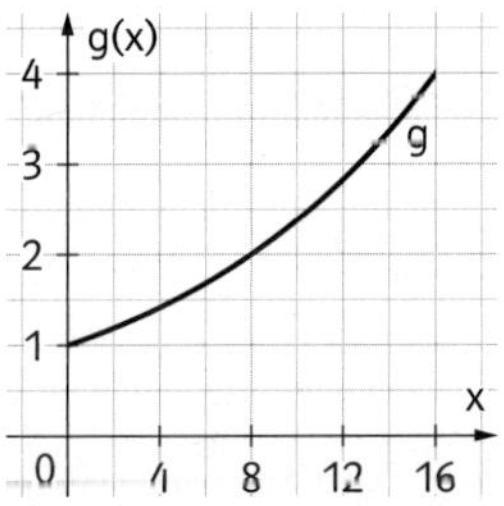

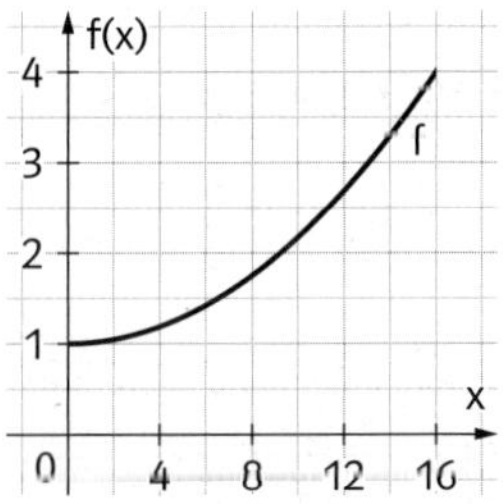

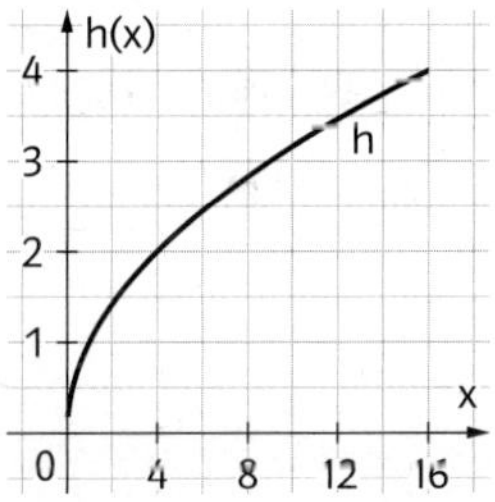

b) Die momentane Änderungsrate von f nimmt mit wachsendem x zu, und zwar immer stärker.
Die momentane Änderungsrate von g nimmt mit wachsendem x zu, und zwar immer stärker.
Die momentane Änderungsrate von h nimmt mit wachsendem x zu, und zwar immer schwächer.
In allen drei Fällen kann die momentane Änderungsrate nicht kleiner als null werden, weil die Funktionen f, g und h in $\mathbb{R}^+$ streng monoton steigend sind.

c) $\int_0^{16} f(x)\,dx$ = Inhalt der von der Funktion f in [0; 16] festgelegten Fläche.

$g'(16)$ = Änderungsrate (Steigung) von g an der Stelle 16.

$\frac{h(16) - h(0)}{16}$ = mittlere Änderungsrate (mittlere Steigung) von h in [0; 16]

d) $A_f = 32$; $A_g \approx 34{,}62$; $A_h \approx 42{,}67$

12.50 Zeigen Sie zuerst: $h(w) = -\frac{5}{v^2} \cdot w^2 + d = 0 \Rightarrow w = v \cdot \sqrt{\frac{d}{5}}$

a) $v \approx 4{,}00\,m/s$

b) $d = 1{,}25\,m$

c) 45°; ca. 63,43°

d) Zeigen Sie: $h\left(\frac{w}{2}\right) = \frac{3d}{4}$

e) w ist bei konstantem d zu v direkt proportional.

Begründung: $w(v) = \sqrt{\frac{d}{5}} \cdot v$ ist vom Typ $f(x) = k \cdot x$

w ist bei konstantem v nicht zu d direkt proportional.

Begründung: $w(d) = v \cdot \sqrt{\frac{d}{5}}$ ist nicht vom Typ $f(x) = k \cdot x$

12.51 a) Nullstellen von f: 0 und 6; Extremstelle von f: 3
Nullstellen von g: 0 und 2; Extremstelle von g: 1
Schnittpunkte: $S_1 = (0 \mid 0)$, $S_2 = (4 \mid 8)$

b) $A = \frac{64}{3}$

12.52 a) $G(x) = E(x) - K(x)$

b) Fixkosten: 500 €, Produktionskosten pro Stück: 10 €, $K(x) = 10x + 500$

c) $E(0) = 0$, $E(200) = 4\,500$, $E(400) = 0$. Diese Zahlen geben den Erlös bei der Produktion von 0, 200 bzw. 400 Stück an.
x = Stückzahl mit dem maximalen Erlös (Umsatz)

d) $E(x) = -0{,}1125x^2 + 45x$; $G(x) = -0{,}1125x^2 + 35x - 500$; für 16 bis 296 Stück;
Der Gewinnbereich gibt an, zwischen welchen Grenzen die produzierten Stückzahlen liegen müssen, damit der Gewinn positiv ist.

12.53 a) streng monoton steigend in $\mathbb{R}$, rechtsgekrümmt in $\mathbb{R}$

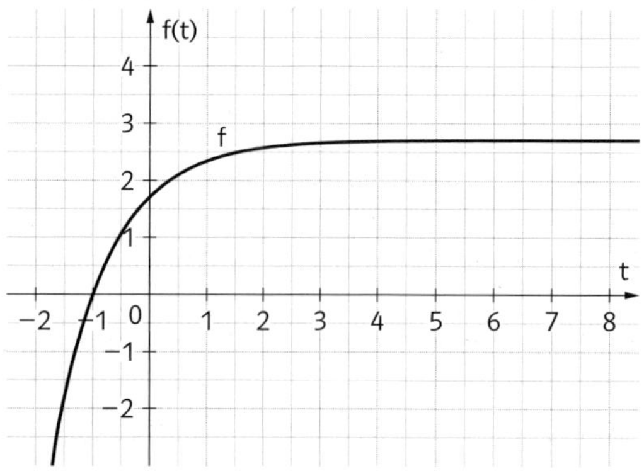

b) Flächeninhalt = k

c) Mit wachsendem t nähert sich f(t) unbegrenzt der Zahl $k \cdot e$.

$f(0) = 10^6 \Rightarrow k = \frac{10^6}{e-1}$

d) $f(T) = 1{,}5 \cdot f(0) \Rightarrow T = -\ln(1{,}5 - 0{,}5e) \approx 1{,}96$ (T hängt nicht von k ab.)

12.54 a) Auf die Erde, weil der nicht strichlierte Teil des Graphen erst beim Erdradius $R \approx 6\,378{,}1\,km$ beginnt.

b) Ist die Entfernung vom Erdmittelpunkt kleiner als der Erdradius R, ergibt die Anziehungskraft keinen Sinn (innerhalb des Erdradius kann kein Satellit kreisen). Daher ist auch die Berechnung von F(5 000) sinnlos.

c) $F(2r) = G \cdot \frac{M \cdot m}{(2r)^2} = \frac{1}{4} \cdot \left(G \cdot \frac{M \cdot m}{r^2}\right) = \frac{1}{4} \cdot F(r)$

Die Anziehungskraft ist nicht indirekt proportional zur Entfernung d von der Erdoberfläche.
Ist d die Entfernung von der Erdoberfläche, dann gilt:

$F(d + R) = G \cdot \frac{M \cdot m}{(d + R)^2}$. Daraus folgt: $F(2d + R) \neq \frac{1}{4} \cdot F(d + R)$. Daher sinkt die Anziehungskraft nicht auf ein Viertel, wenn d verdoppelt wird.

d) Der Inhalt gibt die Arbeit W an, die verrichtet werden muss, um den Satelliten von der Erdoberfläche in die Entfernung 10 000 km vom Erdmittelpunkt zu bringen.
$W \approx 2{,}717 \cdot 10^{10}$ J

12.55 **a)** $f(x) = \frac{1}{8}(x^3 - 9x^2 + 15x + 25) = \frac{1}{8} \cdot (x + 1) \cdot (x - 5)^2$

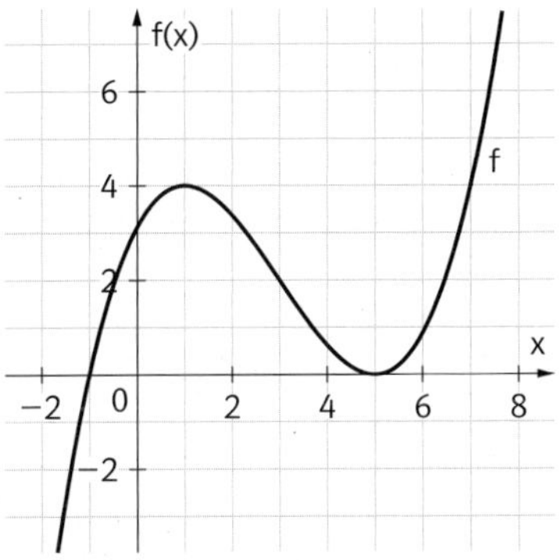

b) $f(-1) = f(5) = 0$; $f(5) = f'(5) = 0$
Weitere Nullstellen kann es nicht geben, weil die Gleichung
$\frac{1}{8} \cdot (x + 1) \cdot (x - 5)^2 = 0$ nur die Lösungen -1 und 5 hat.

c) $H = (1 | 4)$, $W = (3 | 2)$.
Ist $S = (-1 | 0)$, dann ist $\overline{SH} = \overline{SW} = 2\sqrt{5}$;
ca. 44,4 %, da $A_{SWH} = 6$ und $\int_{-1}^{5} f(x)\,dx = 13{,}5$

12.56 **a)** $f(x) = a_n x^n + a_{n-1} x^{n-1} + \ldots + a_1 x + a_0$
f besitzt höchstens n Nullstellen, weil die Gleichung $a_n x^n + a_{n-1} x^{n-1} + \ldots + a_1 x + a_0 = 0$ höchstens n Lösungen hat.
f besitzt höchstens $n - 1$ Extremstellen, weil f′ vom Grad $n - 1$ ist und daher höchstens $n - 1$ Nullstellen hat.
f besitzt höchstens $n - 2$ Wendestellen, weil f″ vom Grad $n - 2$ ist und daher höchstens $n - 2$ Nullstellen hat.
möglicher Funktionsverlauf:

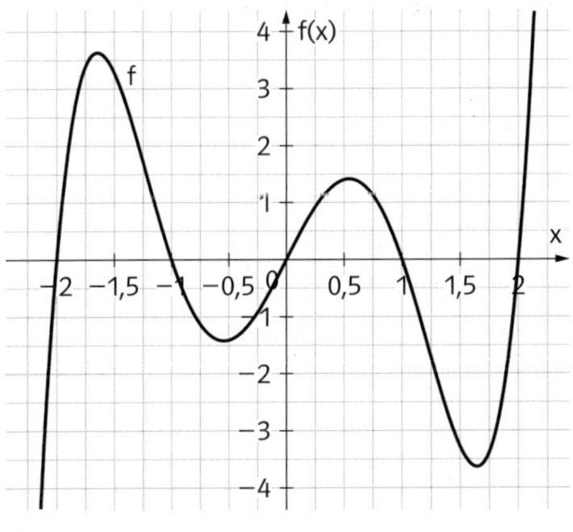

b) $f(x) = x^2$; $f_1(x) = (x-2)^2 + 3$

c) a positiv: Parabel nach oben offen, a negativ: Parabel nach unten offen
Wenn c wächst, wird die Parabel in Richtung der positiven 2. Achse verschoben.

d) $f(x) = x^3 - 27x \Rightarrow f(-x) = -f(x)$ für alle $x \in \mathbb{R} \Rightarrow$ Graph von f ist symmetrisch bezüglich des Ursprungs.

12.57 Sei $A_1(z)$ bzw. $A_2(z)$ der Inhalt der Querschnittsfläche des linken bzw. rechten Körpers und V_1 bzw. V_2 das Volumen des linken bzw. rechten Körpers.

a) $A_1(z) = x^2 \cdot \pi = (r^2 - z^2) \cdot \pi$, $A_2(z) = r^2 \cdot \pi - z^2 \cdot \pi = (r^2 - z^2) \cdot \pi$
Wegen $A_1(z) = A_2(z)$ folgt nach dem Cavalieri'schen Prinzip $V_1 = V_2$.

b) $V_1 = \int_0^r A_1(z)\,dz = \int_0^r A_2(z)\,dz = V_2$

c) $V_1 = \text{Halbkugelvolumen} = \frac{2r^3\pi}{3}$
$V_2 = \text{Zylindervolumen} - \text{Kegelvolumen} = r^2\pi \cdot r - \frac{r^2\pi \cdot r}{3} = r^3\pi - \frac{r^3\pi}{3} = \frac{2r^3\pi}{3}$

12.58 a) $H = (-1|2)$, $T = (1|-2)$,
keine globalen Extremstellen,
da Polynomfunktion vom Grad 3

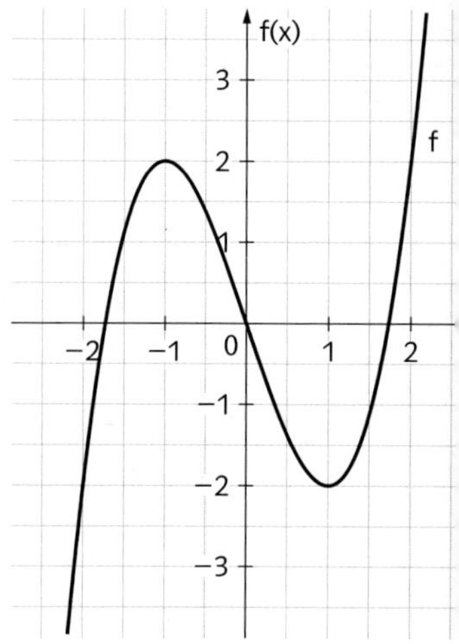

b) streng monoton steigend in $]-\infty; -1]$
und in $[1; \infty[$,
streng monoton fallend in $[-1; 1]$
rechtsgekrümmt in $]-\infty; 0]$,
linksgekrümmt in $[0; \infty[$

c) Zeigen Sie: $f(-x) = -f(x)$ für alle $x \in \mathbb{R}$,
aber nicht $f(-x) = f(x)$ für alle $x \in \mathbb{R}$.

d) zB: $f(x) = x^2$
Zeigen Sie: $f(-x) = f(x)$ für alle $x \in \mathbb{R}$,
aber nicht $f(-x) = -f(x)$ für alle $x \in \mathbb{R}$.

e) Ja, $f(x) = 0$ für alle $x \in \mathbb{R}$.

12.59 a) ca. 122,6 m;
s ist streng monoton steigend in $\mathbb{R}_0^+$, denn es gilt für alle $t_1, t_2 \in \mathbb{R}_0^+$:
$t_1 < t_2 \Rightarrow s(t_1) < s(t_2)$

b) nach ca. 2,3 s;
Nein, denn die Funktion s ist nicht vom Typ $f(x) = k \cdot x$
(direkte Proportionalitätsfunktion).
Es gilt also nicht: $s(2t) = 2 \cdot s(t)$

c) mittlere Geschwindigkeit in $[3; 5] \approx 39{,}24$ m/s
Momentangeschwindigkeit zum Zeitpunkt $2 \approx 19{,}62$ m/s

12.60 a) $Ö(t) = 18,\ S(t) = \frac{10}{13} \cdot (2t - 11)$

Das Ölkraftwerk verrichtet von 0 Uhr bis 24 Uhr eine konstante Leistung von 18 MJ/h.
Das Solarkraftwerk arbeitet nur von 5.30 Uhr bis 18.30 Uhr. Seine Leistung steigt von 0 MJ/h um 5.30 Uhr auf 10 MJ/h um 12 Uhr linear an. Anschließend sinkt sie wieder linear auf 0 MJ/h um 18.30 ab.

b) Wegen:

$$\int_4^{20} [Ö(t) + S(t)]\,dt < \int_4^{20} B(t)\,dt \quad \text{(Flächeninhalte!)}$$

wird von 4 Uhr bis 20 Uhr weniger Energie erzeugt als benötigt wird.
Wegen:

$$\int_{20}^{24} Ö(t)\,dt + \int_0^4 Ö(t)\,dt > \int_{20}^{24} B(t)\,dt + \int_0^4 B(t) \quad \text{(Flächeninhalte!)}$$

wird von 20 Uhr bis 4 Uhr (am nächsten Tag) mehr Energie erzeugt als benötigt wird.

c) überschüssige von 20 Uhr bis 4 Uhr (am nächsten Tag) erzeugte Energiemenge =

$$= \int_{20}^{24} [Ö(t) - B(t)]\,dt + \int_0^4 [Ö(t) - B(t)]\,dt = 2 \cdot \int_0^4 [Ö(t)\,dt - B(t)]\,dt = \frac{140}{3} \approx 46{,}67\,(\text{MJ})$$

$$\text{Energiedefizit von 4 Uhr bis 20 Uhr} = \int_4^{20} B(t)\,dt - \int_4^{20} Ö(t)\,dt - 2\int_{5,5}^{12} s(t)dt =$$

$$= \frac{1184}{3} - 16 \cdot 18 - 2 \cdot \frac{6{,}5 \cdot 10}{2} = \frac{125}{3} \approx 41{,}67\,(\text{MJ})$$

Wegen $46{,}67 > 41{,}67$ kann das Energiedefizit ausgeglichen werden.
Wenn durch den Speichervorgang 15 % der Energie verlorengehen, beträgt die überschüssige Energie nur mehr ca. $0{,}85 \cdot 46{,}67\,\text{MJ} \approx 39{,}67\,\text{MJ}$ und reicht damit nicht mehr aus.

12.61 a) 16 s; 60 m/s = 216 km/h

b) $s(t) = -\frac{1}{12}t^3 + 64t + c$; ca. 682,7 m

Die Angabe des Ausgangsorts c ist überflüssig, weil bei der Berechnung von $s(t) - s(0)$ das c wegfällt.

12.62 a) Die ärmsten 20 % erhalten ca. 5 % des Gesamteinkommens.
Die reichsten 20 % erhalten ca. 50 % des Gesamteinkommens.
Wenn die „Armen immer ärmer und die Reichen immer reicher" werden, nähert sich der Graph von L immer mehr den beiden Katheten des rechtwinkeligen Dreiecks unter der Diagonale (dh. der Inhalt der grün unterlegten Fläche wird immer größer).

b) Je größer der Gini-Koeffizient ist, desto größer ist der Anteil des Inhalts der grün unterlegten Fläche am Inhalt der Dreiecksfläche unter der Diagonale. Daraus folgt: Je größer der Gini-Koeffizient ist, desto weniger erhalten die Armen und desto mehr die Reichen.
Somit ist der Gini-Koeffizient ein Maß für die Ungleichheit der Einkommensverteilung.
Der Gini-Koeffizient kann Werte von 0 bis 1 annehmen.

- Er ist gleich 0, wenn der Graph von L mit der Diagonale übereinstimmt, dh. wenn das Einkommen gleichmäßig verteilt ist.
- Er ist gleich 1, wenn $L(x) = 0$ für $0 \leq x < 100$ und $L(100) = 100$ ist, dh. wenn einer alles erhält und die anderen nichts.

  Für die angegebene Funktion L ergibt sich der Gini-Koeffizient mit ca. 0,45.

c) Dies spricht für eine gemäßigte, aber nicht übermäßig starke Gleichheit der Einkommen.

13 Maturavorbereitung: Wahrscheinlichkeit und Statistik

13.01 Es könnten die Quartale D und H sein, da Gas (zumeist) zum Heizen verwendet wird, und der Verbrauch in diesen Quartalen am niedrigsten ist, weil es sich um die Monate in der wärmsten Jahreszeit handelt.

13.02 Im Burgenland sind die wenigsten PKWs mit Benzinmotor (ca. 75 000).
In Niederösterreich gibt es die meisten PKWs mit Dieselmotor (ca. 540 000).

13.03 ☐
☒
☒
☐
☒

13.04 ☐
☒
☐
☒
☐

13.05

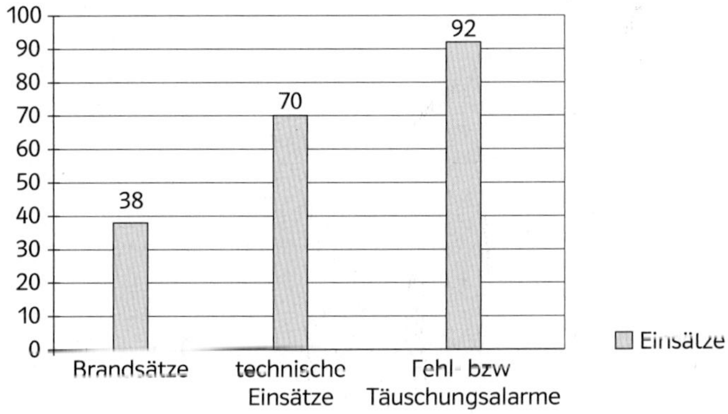

13.06 ☒
☐
☐
☐
☒

13.07 Das arithmetische Mittel und der Median sind in diesem Fall **gleich**, da **die Zahl, die in der Mitte der geordneten Liste steht, gleich dem arithmetischen Mittel ist.**

13.08 Um für diese Abteilung ein Durchschnittsgehalt anzugeben ist es nicht sinnvoll, **das arithmetische Mittel** als Zentralmaß zu verwenden, da **der Ausreißer den Durchschnittsgehalt verfälscht**.

13.09 ☐
☐
☐
☒
☒

13.10

Mittelwert:	138	Modus:	139	Minimum:	132
Median:	140	Spannweite:	14	Maximum:	146

13.11
- ☐
- ☒
- ☐
- ☒
- ☐

13.12
- ☐
- ☐
- ☐
- ☒
- ☒

13.13 1. Graphik: Serie 3, 2. Graphik: Serie 1, 3. Graphik: Serie 2

13.14 das dritte Baumdiagramm

13.15
- ☐
- ☐
- ☒
- ☒
- ☐

13.16
- ☒
- ☐
- ☐
- ☐
- ☐
- ☐

13.17
- ☒
- ☒
- ☐
- ☒
- ☐

13.18 Erwartungswert: $\frac{4}{3}$, Standardabweichung $= \frac{\sqrt{8}}{3} \approx 0{,}94$

13.19 Der Erwartungswert einer Zufallsvariablen ist näherungsweise gleich dem **Mittelwert** einer sehr langen Liste von **Variablenwerten**.

13.20 ca. 0,763

13.21 P(keine Faser kürzer als 45 mm) $\approx$ 0,016
P(1 Faser kürzer als 45 mm) $\approx$ 0,141
P(2 Fasern kürzer als 45 mm) $\approx$ 0,422
P(3 Fasern kürzer als 45 mm) $\approx$ 0,422

13.22
- ☐
- ☐
- ☐
- ☐
- ☒
- ☐

13.23 $1-\sqrt[5]{0{,}2} \approx 0{,}275$

13.24 $0{,}25^{20} \approx 9 \cdot 10^{-13}$

13.25
☐
☐
☒
☒
☐

13.26
☐
☒
☐
☐
☒

13.27 Eine Binomialverteilung **darf näherungsweise** durch eine Normalverteilung ersetzt werden, wenn gilt: $\mathbf{n \cdot p \cdot (1-p) > 9}$.

13.28 $P(a \leq X \leq b) = \Phi\left(\frac{b-\mu}{\sigma}\right) - \Phi\left(\frac{a-\mu}{\sigma}\right)$

$P(\mu-\varepsilon \leq X \leq \mu+\varepsilon) = 2 \cdot \Phi\left(\frac{\varepsilon}{\sigma}\right) - 1$

13.29 $P(|X| \leq 1) = P(-1 \leq X \leq 1) = \Phi\left(\frac{1-\mu}{\sigma}\right) - \Phi\left(\frac{-1-\mu}{\sigma}\right)$

$P(|X-\mu| \geq \varepsilon) = 1 - P(\mu-\varepsilon \leq X \leq \mu+\varepsilon) = \ldots = 2 \cdot \left(1-\Phi\left(\frac{\varepsilon}{\sigma}\right)\right)$

13.30

	A	B	C	D	keine der Abbildungen
$P(X \geq a)$	☐	☐	☐	☒	☐
$P(X \leq a)$	☒	☐	☐	☐	☐
$P(X \geq b)$	☐	☐	☐	☐	☒
$P(X \leq b)$	☐	☐	☒	☐	☐
$P(a \leq X \leq b)$	☐	☒	☐	☐	☐
$1-P(a \leq X \leq b)$	☐	☐	☐	☐	☒
$1-P(X \geq a)$	☒	☐	☐	☐	☐
$1-P(X \leq a)$	☐	☐	☐	☒	☐
$1-P(X \geq b)$	☐	☐	☒	☐	☐
$1-P(X \leq b)$	☐	☐	☐	☐	☒

13.31

	A	B	C	keine der Abbildungen
$\Phi\left(\frac{x-\mu}{\sigma}\right)$	☐	☒	☐	☐
$\Phi\left(-\frac{x-\mu}{\sigma}\right)$	☐	☐	☐	☒
$2 \cdot \Phi\left(\frac{x-\mu}{\sigma}\right) - 1$	☐	☐	☒	☐
$\Phi\left(\frac{\mu-x}{\sigma}\right)$	☐	☐	☐	☒
$1-\Phi\left(\frac{x-\mu}{\sigma}\right)$	☐	☐	☐	☒
$2 \cdot \left[1-\Phi\left(\frac{x-\mu}{\sigma}\right)\right]$	☒	☐	☐	☐
$\Phi\left(\frac{x-\mu}{\sigma}\right) - \Phi\left(\frac{\mu-x}{\sigma}\right)$	☐	☐	☒	☐
$\Phi\left(\frac{x-\mu}{\sigma}\right) - \left(1-\Phi\left(\frac{x-\mu}{\sigma}\right)\right)$	☐	☐	☒	☐

13.32

	= 0 %	= 50 %	≈ 68,3 %	≈ 95,4 %	≈ 99,7 %	= 100 %
$P(X = c)$	☒	☐	☐	☐	☐	☐
$P(X \leq \mu)$	☐	☒	☐	☐	☐	☐
$P(X \geq \mu)$	☐	☒	☐	☐	☐	☐
$P(X \in \mathbb{R})$	☐	☐	☐	☐	☐	☒
$P(\mu - \sigma \leq X \leq \mu + \sigma)$	☐	☐	☒	☐	☐	☐
$P(\mu - 2\sigma \leq X \leq \mu + 2\sigma)$	☐	☐	☐	☒	☐	☐
$P(\mu - 3\sigma \leq X \leq \mu + 3\sigma)$	☐	☐	☐	☐	☒	☐

13.33 ca. [0,40; 0,60]

13.34 mindestens 53,76 l

13.35 ca. 68,9 %

13.36 ca. [0,332; 0,374] = [33,2 %; 37,4 %]
Es ist möglich, dass höchstens 30 % der Gesamtbevölkerung die Blutgruppe 0 aufweisen, da der wahre Wert nicht im Konfidenzintervall liegen muss. Die Wahrscheinlichkeit hiefür wäre aber höchstens 5 %.

13.37 a) Es wurden 42 Personen getestet. Durchschnittlich merkten sie sich 6,31 Gegenstände.
b) Der Median beträgt 6. Der Median teilt die aufsteigend geordnete Liste der Anzahlen gemerkter Gegenstände in zwei Hälften. Mindestens 50 % der Daten sind höchstens 6 und mindestens 50 % der Daten sind mindestens 6.
c) Graphik 4

11.38 a) arithmetisches Mittel: 64,74 %; Median: 64 %
Das arithmetische Mittel stimmt besser mit dem angegebenen Wert EU-27 überein.
b) Österreich: 6,03 Millionen, Polen: 21,39 Millionen
Möchte man darstellen, wie viele Personen in den einzelnen Ländern das Internet nutzen (zB für Marktanalysen potentieller Kunden einer Firma), sind die Absolutzahlen vorzuziehen. Wenn man die Länder hinsichtlich der Internetnutzung miteinander vergleichen will, sind die Prozentzahlen passender.

13.39 a)

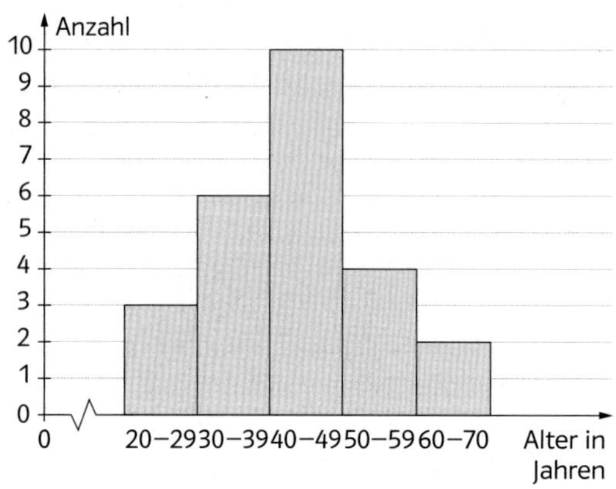

Modus: 42 Jahre, Median: 42 Jahre, Mittelwert: 42,32 Jahre
Standardabweichung: ca. 10,29 Jahre
15 Mitarbeiter, also 60 %, liegen im Intervall $[\bar{x} - s; \bar{x} + s] \approx [32{,}03; 52{,}61]$.

b) $q_1 = 34{,}5$; $q_2 = 42$; $q_3 = 51$

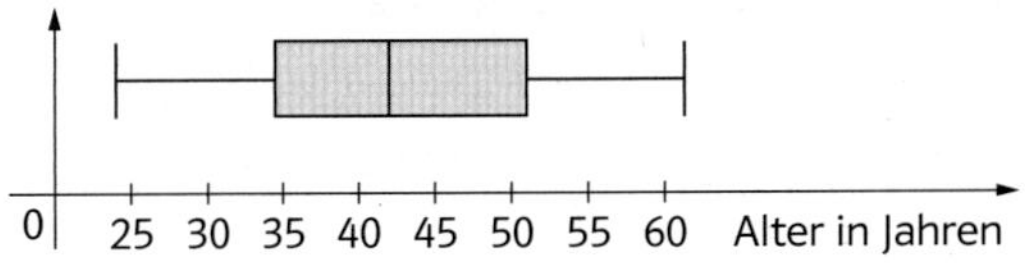

c) Das Diagramm ist nicht korrekt, da die Klassen nicht gleich breit sind. Die Höhen in einem korrekten Histogramm erhält man, indem man jeweils die Anzahl durch die Klasenbreite dividiert.

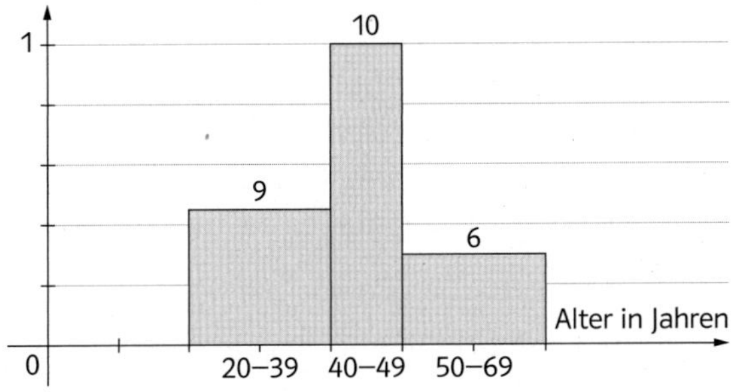

13.40 **a)** ☒
☐
☐
☐
☒

b) 1981: ca. 230
1991: ca. 305
2001: ca. 335
2011: ca. 300

c) Die Grafik gibt keinen Anlass, vom „verflixten 7. Ehejahr" zu sprechen. Die meisten Ehescheidungen (bezogen auf 10 000 Eheschließungen) erfolgen schon vor dem dritten Ehejahr.

d) Die Anzahl der Ehescheidungen (bezogen auf 10 000 Eheschließungen)
- erreicht zum Zeitpunkt t ihr Maximum, wenn $f'(t) = 0$ ist,
- nimmt zum Zeitpunkt t zu, wenn $f'(t) > 0$ ist,
- nimmt zum Zeitpunkt t ab, wenn $f'(t) < 0$ ist.

13.41 **a)** Am 6. und am 11. Tag erfolgten keine mobilen Einsätze. Man erkennt dies daran, dass die Rechtecke am 5. und 6. Tag sowie am 10. und 11. Tag gleich hoch sind.

b)

Tag	1	2	3	4	5	6	7	8	9	10	11	12	13	14
Einsätze	3	2	4	2	3	0	3	3	6	1	0	1	2	7

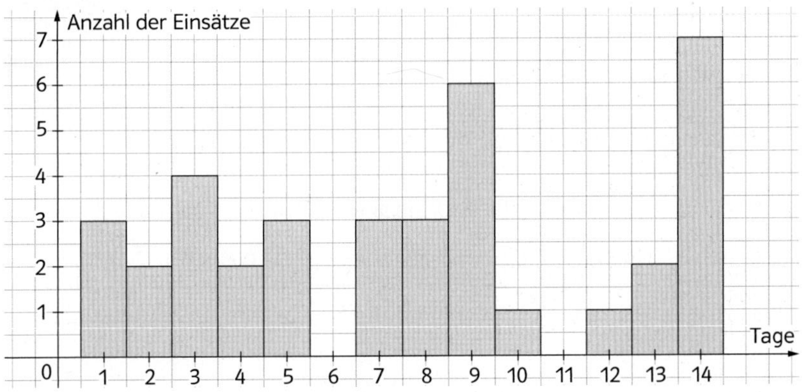

$q_1 = 1$; $q_2 = 2{,}5$; $q_3 = 3$

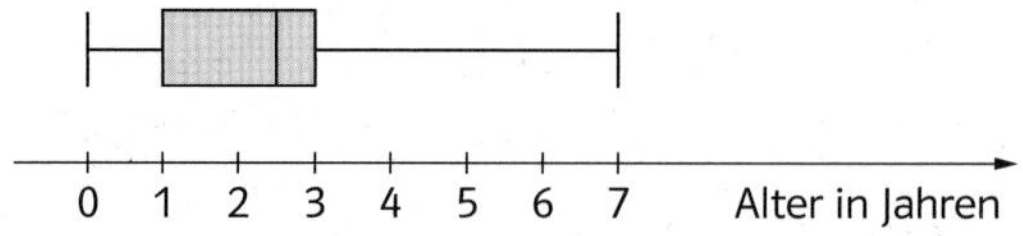

Die Anzahl der Einsätze pro Tag variierte von 0 bis 7. An ca. 75 % aller Tage gab es höchstens 3 Einsätze.

c) $z'(t) = 2{,}5$. Die Anzahl der Einsätze (von Anfang an gerechnet) erhöhte sich durchschnittlich um 2,5 pro Tag.

d) Die aufsummierte Darstellung gibt einen besseren Überblick über die Gesamtanzahl der erbrachten Einsätze innerhalb dieser 14 Tage. Man sieht sofort, wie viele Einsätze bis zu einem bestimmten Tag insgesamt geleistet wurden. Um eine Analyse über den Verlauf der Anzahlen d Einsätze zu machen (zB an welchen Wochentagen gibt es die meisten oder wenigsten Einsätze ist die Anzahl der täglichen Einsätze passender.

13.42 a) Der Unterschied liegt in der Skalierung der Ordinatenachse.
Die Regierungspartei wird sich eher für die linke Abbildung entscheiden, da hier die Linie annähernd horizontal verläuft und suggeriert, dass die Anzahl der Arbeitslosen sich eigentlich nicht viel verändert hat.
Die Oppositionspartei wird eher die rechte Abbildung verwenden, da aufgrund der starken Steigung der Linie auch ein starker Anstieg der Arbeitslosenzahlen zum Ausdruck gebracht wird

b) mittlere Änderungsrate in [2011; 2012]: 92 Arbeitslose/Jahr
mittlere Änderungsrate in [2012; 2013]: 224 Arbeitslose/Jahr
mittlere Änderungsrate in [2011; 2013]: 158 Arbeitslose/Jahr (entspricht dem Mittelwert der beiden vorigen Werte)
Die Zunahme der Zahl der Arbeitslosen war im Zeitraum [2012; 2013] ca. 2,4-mal so groß wie im Zeitraum [2011; 2012]. Das wird durch die linke Grafik verharmlost.

13.43 a) Die Rechtecke weisen von der Nulllinie nach oben (unten), wenn die Zahl der Geburten größer (kleiner) ist als die Zahl der Sterbefälle.

b) ZB 1975 und 2000. In diesen Jahren war die Geburtenbilanz gleich 0.

c) Die Vorausschätzung gibt an: Bis zum Jahr 2027 wird es immer ein wenig mehr Geburten als Sterbefälle geben, was zu einem leichten Anstieg der Gesamtbevölkerung führt. Ab 2027 wird es mehr Sterbefälle als Geburten geben (zuerst nur wenig, mit zunehmender Fortdauer immer mehr), was zu einem Rückgang der Gesamtbevölkerung führen wird.

d) $G'(t)$ = Änderungsgeschwindigkeit der Geburtenanzahl zum Zeitpunkt t

☒
☐
☐
☐
☐

e) $S'(t)$ = Änderungsgeschwindigkeit der Sterbefälle zum Zeitpunkt t

$\int_{t_1}^{t_2} S'(t)\,dt$ = absolute Änderung der Sterbefälle im Zeitintervall $[t_1; t_2]$

Positives Vorzeichen bedeutet Zunahme der Sterbefälle im Zeitintervall $[t_1; t_2]$.
Negatives Vorzeichen bedeutet Abnahme der Sterbefälle im Zeitintervall $[t_1; t_2]$.

13.44 **a)** 2011: $\frac{52}{1040} \approx 0{,}05$; 2012: $\frac{96}{1200} \approx 0{,}08$; 2011 und 2012: $\frac{148}{2240} \approx 0{,}07 \neq \frac{0{,}05 + 0{,}08}{2}$

Der relative Anteil beider Jahre ist nicht das arithmetische Mittel der relativen Anteile der einzelnen Jahre, da in den beiden Jahren unterschiedlich viele Rechnungen gelegt wurden.

b) 2011: $\frac{b}{a}$; 2012: $\frac{d}{c}$; 2011 und 2012: $\frac{b+d}{a+c}$
Mögliche Bedingung: $a = c$

c)

P(Rechnung aus 2012 | unbezahlt)	Wie groß ist die Wahrscheinlichkeit, dass eine zufällig ausgewählte Rechnung eine unbezahlte aus dem Jahr 2012 ist?
P(Rechnung aus 2012 ∧ unbezahlt)	Wie groß ist die Wahrscheinlichkeit, dass eine zufällig ausgewählte Rechnung aus dem Jahr 2012 unbezahlt ist?
P(unbezahlt | Rechnung aus 2012)	Wie groß ist die Wahrscheinlichkeit, dass eine zufällig ausgewählte Rechnung aus dem Jahr 2012 ist oder unbezahlt ist?
P(Rechnung aus 2012 ∨ unbezahlt)	Wie groß ist die Wahrscheinlichkeit, dass eine zufällig ausgewählte unbezahlte Rechnung aus dem Jahr 2012 ist?

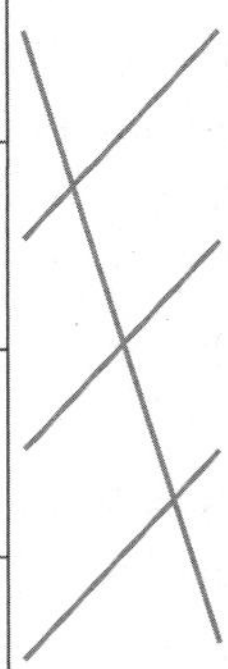

d) P(Rechnung aus 2011 | unbezahlt) $= \frac{52}{148} \approx 0{,}35$

P(Rechnung aus 2011 ∧ unbezahlt) $= \frac{52}{2240} \approx 0{,}02$

P(unbezahlt | Rechnung aus 2011) $= \frac{52}{1040} \approx 0{,}05$

P(Rechnung aus 2011 ∨ unbezahlt) $= \frac{1136}{2240} \approx 0{,}51$

13.45 **a)** Mögliche Werte von S: 2, 5, 6, 8, 9, 10

k	2	5	6	8	9	10
P(S = k)	$\frac{1}{9} \approx 0{,}11$	$\frac{1}{9} \approx 0{,}11$	$\frac{1}{3} \approx 0{,}33$	$\frac{1}{36} \approx 0{,}03$	$\frac{1}{6} \approx 0{,}17$	$\frac{1}{4} = 0{,}25$

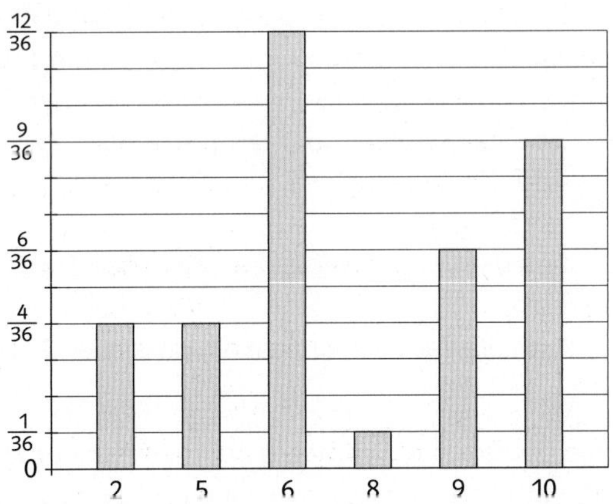

b) Für $k = 1$, $k = 3$ und $k = 4$ ist $S = k$ ein unmögliches Ereignis.
Es gibt kein k aus der Menge {1, 2, 3, 4, 5}, für welches $S = k$ ein sicheres Ereignis ist, da $P(S = k) < 1$ für alle $k \in \{1, 2, 3, 4, 5\}$.

c) $P(A) = \frac{11}{18}$, $P(B) = \frac{5}{9}$, $P(A \wedge B) = \frac{4}{9}$

d) $P(\neg(\neg A \wedge \neg B)) = \frac{13}{18}$, $P(\neg(\neg A \vee \neg B)) = \frac{4}{9}$

13.46 a) $P(A) = \frac{1}{5} = 0{,}2$; $P(B) \approx 0{,}30$; $P(C) \approx 0{,}89$; $P(D) \approx 0{,}38$
b) mindestens 11 Kugeln

13.47 a) P(zwei Kugeln gleicher Farbe) $= \frac{8}{15}$

P(erste Kugel grün) $= \frac{7}{10}$, P(zweite Kugel rot) $= \frac{3}{10}$

P(erste Kugel grün $\wedge$ zweite Kugel rot) $= \frac{7}{30} \neq \frac{7}{10} \cdot \frac{3}{10}$ $\Rightarrow$ die Ereignisse „erste Kugel grün" und „zweite Kugel rot" sind nicht unabhängig.

b) P(beim vierten Zug wird zum ersten Mal eine grüne Kugel gezogen) $\approx 0{,}086$
P(von 5 gezogenen Kugeln sind 2 rot und 3 grün) $\approx 0{,}23$

13.48 a) 0,875
b) bei sechs Ziehungen mindestens zweimal eine Kugel mit der Zahl 5 zu ziehen
c) ab sieben Ziehungen

13.49 a)

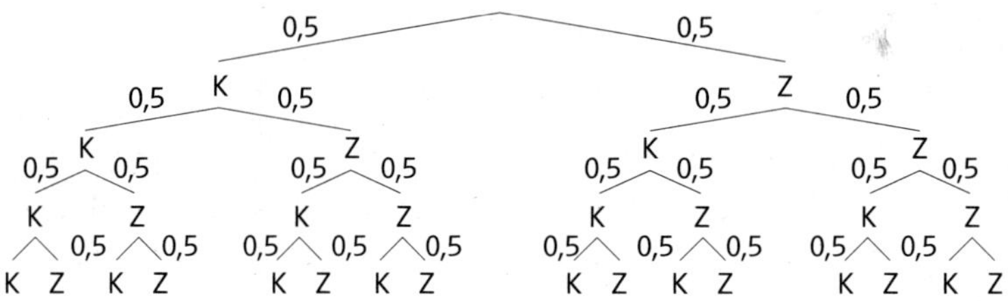

$P(A) = 0{,}5$; $P(B) = 0{,}5$; $P(A \wedge B) = 0{,}25$
$P(A \wedge B) = P(A) \cdot P(B) \Rightarrow$ A und B sind unabhängig

b) C und D sind Gegenereignisse voneinander. $P(C) = 0{,}25$; $P(D) = 0{,}75$
c) $P(C \vee D) = 1$; $P(C \wedge D) = 0$
$C \vee D$ ist ein sicheres Ereignis, $C \wedge D$ ist ein unmögliches Ereignis.
d) P(beim viermaligen Münzwurf kommt genau dreimal „Kopf") $= 0{,}25$
E(„Kopf") $= 2$

13.50 a) $9{,}6 \approx 10$ Herren; ca. 0,0687
b) ca. 0,9274; ca. 28 Treffen
c) ca. 0,9728
d) ☐
☒
☐
☒
☒
Die erste Aussage trifft nicht zu, denn wenn nur zwei Herren anwesend sind, muss kein Streitlustiger dabei sein.
Die dritte Aussage trifft nicht zu, denn die Wahrscheinlichkeit, dass alle 12 Herren anwesend sind, beträgt $0{,}8^{12} < 0{,}8$.

13.51 a) Wenn man annimmt, dass sich die Geburten gleichmäßig auf die Wochentage verteilen, kann man den relativen Anteil als Wahrscheinlichkeit nehmen und es gilt:
P(eine Person, die Max zufällig trifft, ist an einem Sonntag geboren) $= \frac{1}{7}$.
b) E: „Von n Personen, die Max zufällig trifft, ist mindestens eine an einem Sonntag geboren"

$P(\neg E) = \left(\frac{6}{7}\right)^n$, $P(E) = 1 - \left(\frac{6}{7}\right)^n$

13.52 **a)** P(dreimal dieselbe Zahl) $= \frac{1}{3}$

b) P(A gewinnt) $= \frac{20}{27}$, P(B gewinnt) $= \frac{7}{27}$

B kann mit dieser Vereinbarung nicht zufrieden sein, weil A eine Gewinnerwartung von $\frac{6}{27}$ € pro Spiel und B eine Gewinnerwartung von $-\frac{6}{27}$ € pro Spiel hat. Wenn also sehr oft gespielt wird, wird B im Mittel ca. $\frac{6}{27}$ € verlieren.

13.53 **a)** 0,1

b) 0,3

c) höchstens 4 Untersuchungen

P(man findet die beiden Produkte erst nach der vierten Untersuchung) = 0,6

d)

Anzahl k der Untersuchungen	2	3	4
P(X = k)	0,1	0,3	0,6

$\mu = 3{,}5$; $\sigma \approx 0{,}6708$

13.54 **a)** 0,375

b) P(keines zeigt positive Reaktion) ≈ 0,13

P(mindestens eines zeigt positive Reaktion) ≈ 0,87

c) ≈ 0,019

13.55 **a)** Jeder Weg von A nach B lässt sich durch ein Wort der Länge 6 aus den Buchstaben r (rechts) und o (oben) beschreiben, in dem r genau dreimal vorkommt (zB rroroo).

Somit gilt: Es gibt $\binom{6}{3} = 20$ Wege von A nach B.

Analog überlegt man: Es gibt $\binom{5}{3} = 10$ Wege von A nach C und einen Weg von C nach B.

Da jeder Weg von A nach C mit jedem Weg von C nach B kombiniert werden kann, gibt es

$10 \cdot 1 = 10$ Wege von A nach B über C. Daraus folgt:

P(Eva passiert C) $= \frac{\text{Anzahl der Wege von A nach B über C}}{\text{Anzahl der Wege von A nach B}} = \frac{10}{20} = \frac{1}{2}$

Eva trifft also Adam mit der Wahrscheinlichkeit $\frac{1}{2}$.

b) Es gibt $\binom{3}{2} = 3$ Wege von A nach D und $\binom{3}{1} = 3$ Wege von D nach B. Da jeder Weg von A nach D mit jedem Weg von D nach B kombiniert werden kann, gibt es $3 \cdot 3 = 9$ Wege von A nach B über D. Daraus folgt:

P(Eva passiert D) $= \frac{\text{Anzahl der Wege von A nach B über D}}{\text{Anzahl der Wege von A nach B}} = \frac{9}{20}$

P(Eva passiert D nicht) $= 1 - \frac{9}{20} = \frac{11}{20}$

Eva entgeht also dem Treffen mit Gustav mit der Wahrscheinlichkeit $\frac{11}{20}$.

c) Für E gibt es zwei Möglichkeiten:

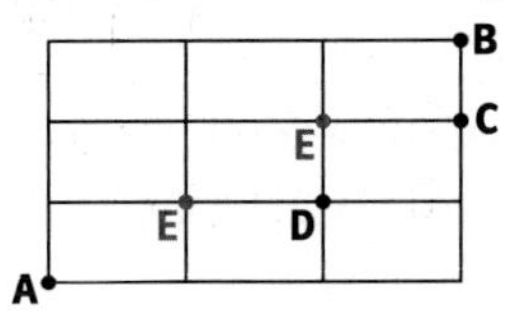

Für F gibt es zwei Möglichkeiten:

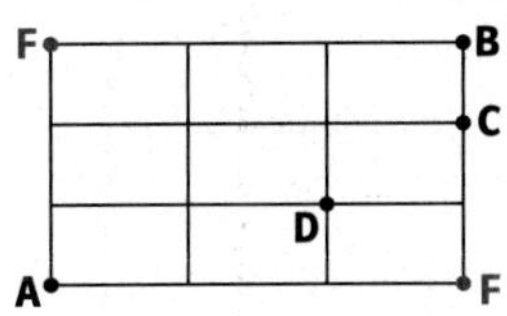

13.56 **a)** $p = 0{,}999$
$1 - p$ gibt nur die Wahrscheinlichkeit an, dass ein mangelhaftes Produkt bei keiner Kontrolle als mangelhaft erkannt wird. Dies bedeutet aber nicht unbedingt, dass das betreffende Produkt mangelfrei ist. Somit gibt $1 - p$ nicht die Wahrscheinlichkeit an, dass ein Produkt mangelfrei ist.
b) bei 1. Kontrolle: 0,9
bei 2. Kontrolle: 0,09
bei 3. Kontrolle: 0,009
Im Durchschnitt sind $\mu = 1{,}107$ Kontrollen zu erwarten.

13.57 **a)** $r = -p^3 + p^2 + p$
b) ca. [0,015; 0,045]
Würde man sehr oft Stichproben von 500 Einschaltvorgängen erheben und für jede Stichprobe ein 95%-Konfidenzintervall berechnen, so würden diese Intervalle bei ca. 95% aller Stichproben die unbekannte Wahrscheinlichkeit r einer Stromkreisunterbrechung überdecken.
(Bei 500 Einschaltvorgängen wird die Anzahl der Stromkreisunterbrechung somit mit ca. 95%-iger Sicherheit zwischen 7 und 23 liegen.)

13.58 **a)** Stängel-Blatt Diagramm:

7	5
8	3, 4, 5, 8
9	0, 0, 1, 4, 5, 6, 6, 6, 7, 8, 8, 9
10	0, 1, 1, 2, 2, 3, 3, 4, 4, 5, 6, 7, 8
11	0, 2, 2, 4, 7
12	0, 4, 5, 7
13	4

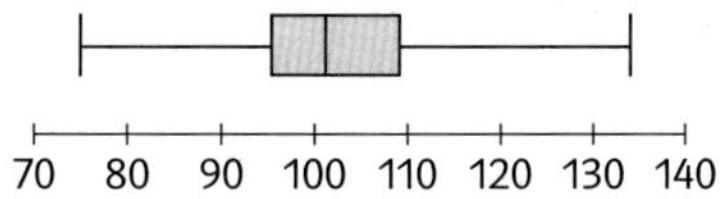

$q_1 = 95{,}5$; q_2 (Median) $= 101{,}5$; $q_3 = 109$
q_1, q_2, q_3 teilen die aufsteigend geordnete Datenliste in vier gleich große Teile In jedem Tei liegt ein Viertel der Daten.

b)

[75; 85[	[85; 95[	[95; 105[	[105; 115[	[115;125[	[125; 135[
3	6	17	8	3	3

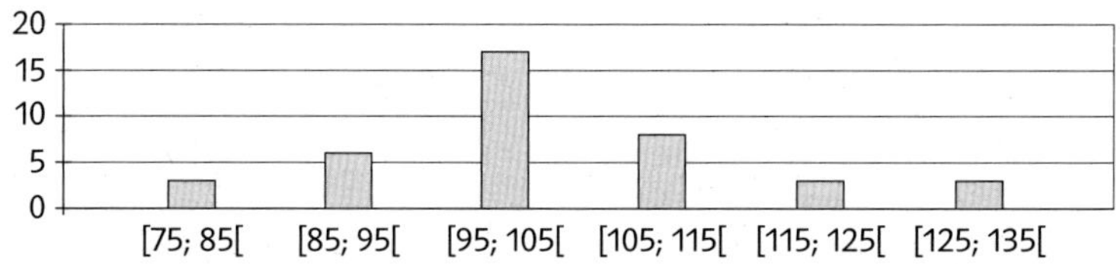

Zur Abschätzung des Mittelwerts verwenden wir die jeweiligen Klassenmitten:

$$\bar{x} \approx \frac{3 \cdot 80 + 6 \cdot 90 + 17 \cdot 100 + 8 \cdot 110 + 3 \cdot 120 + 3 \cdot 130}{40} = 102{,}75$$

Tatsächlicher Mittelwert: $\bar{x} = \frac{75 + 83 + \ldots + 134}{40} = 102{,}4$

c) ca. 6 Personen; ca. 0,1722
d) mindestens 27 Erwachsene

13.59 **a)** $P(L = 0)$ ist die Wahrscheinlichkeit, dass ein Kind das 5. Lebensjahr nicht erreicht.
$P(L = 0) = 0{,}00628$ (für Knaben)
$P(L = 0) = 0{,}00457$ (für Mädchen)
Ein kleiner Wert von $P(L = 0)$ deutet auf geringe Kindersterblichkeit hin. Das war historisch betrachtet nicht immer so. Früher war die Kindersterblichkeit viel größer.
b) $P(L = 60 \mid \text{männlich}) = 0{,}05540$
$P(L = 60 \mid \text{weiblich}) = 0{,}02827$
In den Altersabschnitten [80; 85[, [85; 90[und [90 | 95[sterben mehr Frauen als Männer, weil in diesen Abschnitten die Wahrscheinlichkeit $P(L = k)$ für Frauen größer ist als für Männer.
c) ca. 21 männliche und 10 weibliche Neugeborene, also insgesamt ca. 31 Neugeborene

d) Im Altersabschnitt [60; 65[sterben 87005 − 81465 Männer. Der relative Anteil dieser Männer an 100000 Männern ist $\frac{87005-81465}{100000}$. Dieser relative Anteil ist gleich der Wahrscheinlichkeit P(L = 60).
$P(L = 70 \mid \text{weiblich}) = \frac{86110-78686}{100000} = 0{,}07424$ (stimmt mit der Tabelle überein)

e) P(Mann stirbt vor 70. Lebensjahr) = 0,26957
P(Frau stirbt vor 70. Lebensjahr) = 0,13890
relativer Anteil der 60-jährigen Männer, die vor dem 70. Lebensjahr sterben =
$= \frac{87005-73043}{87005} \approx 0{,}1605 = 16{,}05\,\%$
relativer Anteil der 60-jährigen Frauen, die vor dem 70. Lebensjahr sterben =
$= \frac{93394-86110}{93394} \approx 0{,}0780 = 7{,}80\,\%$

f) Untere Schranke für die Lebenserwartung von Männern:
$E(L) \approx 0 \cdot 0{,}00628 + 5 \cdot 0{,}00063 + \ldots + 90 \cdot 0{,}09453 \approx 70$ Jahre
Untere Schranke für die Lebenserwartung von Frauen:
$E(L) \approx 0 \cdot 0{,}00457 + 5 \cdot 0{,}00045 + \ldots + 90 \cdot 0{,}17132 \approx 72$ Jahre
Genau berechnen kann man aus dieser Tabelle die Lebenserwartung nicht, da die Todesfälle in Fünfjahresintervallen zusammengefasst sind, das Alter nur bis 95 und die Wahrscheinlichkeiten nur bis zum Alter 90 angegeben sind.

13.60 **a)** 270 Plätze
b) ca. 0,0019
c) ca. [259; 281]
d) ca. 0,2327

13.61 **a)** Die Zeitung B gibt ihr Konfidenzintervall mit der Sicherheit $\gamma \approx 86{,}4\,\%$ an und ist daher als leichtsinnig zu bezeichnen. Da die Zeitung B ein kleineres Konfidenzintervall als die Zeitung A angibt, ist deren Sicherheit noch kleiner und somit ist auch die Zeitung A als leichtsinnig zu bezeichnen.
b) ca. [0,240; 0,320] = [24,0 %; 32,0 %]
Die Aussage kann frequentistisch gedeutet werden: Würde man sehr oft Stichproben vom Umfang 500 erheben und für jede Stichprobe ein 95 %-Konfidenzintervall berechnen, so würden diese Intervalle bei ca. 95 % aller Stichproben den unbekannten relativen Anteil der Schwimmbadgegner überdecken.
c) Dies ist nicht möglich, da man mindestens 5942 Gemeindebürger befragen müsste, also mehr als die Gemeinde Einwohner hat.

13.62 **a)** 90 %-Konfidenzintervall ≈ [0,103; 0,137] = [10,3 %; 13,7 %]
95 %-Konfidenzintervall ≈ [0,099; 0,141] = [9,9 %; 14,1 %]
b) Sicherheit $\gamma \approx 85{,}6\,\%$
Um die Sicherheit zu steigern, müsste er ein größeres Konfidenzintervall angeben oder den Stichprobenumfang erhöhen.
c) Wenn das Ergebnis der ersten Stichprobe mitbenutzt werden soll, müssen mindestens 2597 Personen untersucht werden.
Wenn das Ergebnis der ersten Stichprobe nicht mitbenutzt werden soll, müssen mindestens 6147 Personen untersucht werden.
Weniger Informationen über die Verteilung des Merkmals in der Grundgesamtheit muss durch einen größeren Stichprobenumfang kompensiert werden.
(Im zweiten Fall muss in der Formel $n \approx \frac{4 \cdot z^2 \cdot h \cdot (1-h)}{d^2}$ für $h \cdot (1-h)$ der größtmögliche Wert 0,25 eingesetzt werden, während im ersten Fall $h \cdot (1-h) = 0{,}12 \cdot 0{,}88 = 0{,}1056$ ist, wodurch sich ein kleinerer Wert für n ergibt.)